家庭养花指导

（修订版）

黄 勇 编著

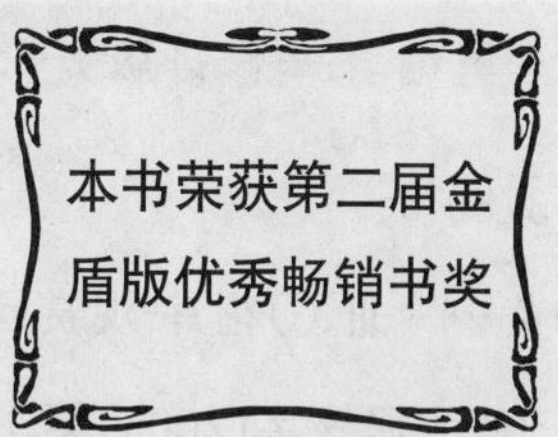

本书荣获第二届金
盾版优秀畅销书奖

金盾出版社

本书由山东聊城大学农学院院长黄勇教授编著。第一版自1999年出版至今，已发行13.9 万册。根据6年来花卉品种培育和栽培技术的发展，作者对1999年版进行了修订，更新了部分老品种，增加了40多个新品种，介绍了花卉栽培管理和最新技术。本书内容包括花卉类型、生长发育的环境条件、花卉的繁殖、露地花卉和盆栽花卉的栽培与管理、花卉的无土栽培；详细地介绍了166种家庭栽培花卉的生物学特征、产地与习性、繁殖、栽培管理方法和用途。本书语言简练通俗，配有159幅彩照，图文并茂，实用性和可操作性强，是家庭养花实用性指导书籍，适合广大花卉爱好者和园艺工作者阅读。

图书在版编目(CIP)数据

家庭养花指导/黄 勇编著.—修订版 .—北京:金盾出版社，2006.1(2017.4 重印)

ISBN 978-7-5082-3789-3

Ⅰ.①家… Ⅱ.①黄… Ⅲ.①花卉-观赏园艺 Ⅳ.①S68

中国版本图书馆 CIP 数据核字(2005)第 107445 号

金盾出版社出版、总发行

北京太平路 5 号(地铁万寿路站往南)

邮政编码:100036 电话:68214039 83219215

传真:68276683 网址:www.jdcbs.cn

彩色印刷:北京印刷一厂

黑白印刷:北京军迪印刷有限责任公司

装订:北京军迪印刷有限责任公司

各地新华书店经销

开本:850×1168 1/32 印张:9.125 彩页:80 字数:196 千字

2017 年 4 月修订版第 16 次印刷

印数:192 001～195 000 册 定价:25.00 元

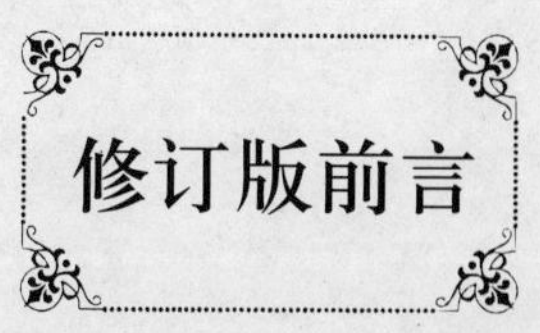

修订版前言

应金盾出版社之约，笔者编著的《家庭养花指导》1999年出版以来，承蒙读者厚爱，至今已7次印刷共13.9 万册，为帮助读者家庭养花，美化居室起到了积极作用，笔者感到十分高兴。

随着广大人民群众对文化生活水平需求的不断提高，家庭养花日益普及，促进了花卉产业的发展。一些新、奇、特、优花卉品种不断地培育成功和引进，而一些传统的品种相形见绌而受冷落或被淘汰，花卉栽培的一些陈旧、落后的方法和技术已不再适用。为满足广大读者的需要，笔者对《家庭养花指导》1999年版进行修订，删除了近30个花卉老品种，增加了40多个新品种，基本上全部搜集了各种类花卉中的精品、名品；更新了栽培方法和技术，较详尽地介绍了当今最新的栽培技术，增强了实用性和可操作性。本书力求做到言简意赅，图文并茂，祈愿它在帮助读者进行家庭养花中起到一定的指导作用。同时希望读者对本书存在的错误和不足提出批评指正。

在本书修订过程中，参阅并引用了部分专家学者的成果，在此谨向他们表示衷心谢意。

编著者

2005年7月

目　录

第一章 花卉的分类

花是植物的繁殖器官，卉是草的总称。因此，花卉是指观花的草本植物。但从广义上说，花卉是指具有观赏价值的植物的总称，既包括观花植物，又包括观叶、观芽、观果、观根植物，也有欣赏其姿态或闻其芳香的植物；从低等植物到高等植物，从水生植物到陆生植物，有草本的也有木本的，种类繁多。

花卉的范围十分广泛，类型多种多样。我国素有“世界园林之母”的称誉，园林植物丰富多彩，仅栽培的花卉就有2500多种，其品种更是不计其数。目前，花卉还没有统一的分类方法，往往根据花卉的习性、用途、栽培方式等而有多种分类方法。

一、按花卉的生态习性及性状分类

(一)草本花卉

草本花卉植物的茎为草质，木质化程度低，柔软多汁，为易折断的花卉。按花卉形态分为6种类型。

1．1年生花卉　是指个体生长发育在1年内完成其生命周期的花卉。这类花卉在春天播种，当年夏秋季节开花、结果、种子成熟，入冬前植株枯死，如万寿菊、凤仙花、鸡冠花、孔雀草、半枝莲、紫茉莉等。

2．2年生花卉　是指个体生长发育需跨年度才能完成生命周期的花卉。这类花卉在秋季播种，第二年春季开花、结果、种子成熟，夏季植株死亡，如金鱼草、金盏菊、三色堇、虞美人、桂竹香等。

3．宿根花卉　植株入冬后，地上部分枯死，而根系在土壤中

宿存越冬，第二年春天萌发枝叶而开花的多年生花卉，如菊花、芍药、荷兰菊、玉簪、蜀葵等。

4．**球根花卉**　花卉地下根或地下茎已变态为膨大的根或茎，以其贮藏水分、养分度过休眠期的花卉。球根花卉按形态的不同分为以下5类。

(1)鳞茎类　地下茎膨大呈扁平球状，由许多肥厚鳞片相互抱合而成的花卉，如水仙、风信子、郁金香、百合等。

(2)球茎类　地下茎膨大呈球形，表面有环状节痕，顶端有肥大的顶芽，侧芽不发达的花卉，如唐菖蒲、香雪兰、仙客来等。

(3)块茎类　地下茎膨大呈块状，它的外形不规则，表面无环状节痕，但有几个发芽点的花卉，如大岩桐、马蹄莲、彩叶芋等。

(4)根茎类　地下茎膨大呈粗长的根状，多为肉质，外形具有分枝和节，在每节上可发生侧芽的花卉，如美人蕉、鸢尾等。

(5)块根类　地下根膨大呈纺锤形，芽着生在根颈处的花卉，如大丽菊、花毛茛等。

5．**多年生常绿花卉**　植株枝叶四季常绿，无落叶休眠现象，地下根系发达的花卉。这类花卉在南方作露地多年生栽培，在北方作温室多年生栽培，如君子兰、花叶芋、绿萝、万年青、文竹、鹤望兰等。

6．**水生花卉**　常年生长在水中或沼泽地中的多年生草本花卉，按其生态分为以下3种。

(1)挺水花卉　根生于泥水中，茎叶挺出水面，如荷花、慈姑等。

(2)浮水花卉　根生于泥水中，叶面浮于水面或略高于水面，如睡莲、王莲、凤眼莲等。

(3)沉水花卉　根生于泥水中，茎叶全部沉入水中，仅在水浅时偶有露出水面，如金鱼藻、皇冠草等。

(二)木本花卉

植物茎木质化，木质部发达，枝干坚硬，难折断的多年生花卉。根据形态分为以下3类。

1．乔木类 地上部有明显的主干，侧枝由主干发出，树干和树冠有明显区别的花卉，如梅花、橡皮树、樱花等。

2．灌木类 地上部无明显主干，由地面萌发出丛生状枝条的花卉，如牡丹、月季、腊梅、栀子花、贴梗海棠等。

3．藤本类 植物茎木质化，长而细弱，不能直立，需缠绕或攀援其他植物体上才能生长的花卉，如紫藤、常春藤、凌霄等。

(三)多肉多浆花卉

植株茎变态为肥厚肉质，能贮存水分、营养的掌状、球状及棱柱状；叶变态为针刺状或厚叶状，并附有蜡质且能减少水分蒸发的多年生花卉。常见的有仙人掌科的仙人球、昙花、令箭荷花，大戟科的麒麟、虎刺梅，番杏科的松叶菊，景天科的燕子掌、玉树，石蒜科的虎尾兰、酒瓶兰等。

二、按花卉的观赏器官分类

(一)观花花卉

植株开花繁多，花色鲜艳，花形奇特而美丽，以观花为主的花卉，如茶花、月季、菊花、牡丹、郁金香等。

(二)观叶花卉

植株叶形奇特，形状不一，叶色鲜艳美观，以观叶为主的花卉，如龟背竹、花叶万年青、花叶芋、变叶木、蕨类植物等。

(三)观茎花卉

植株的茎奇特，变态为肥厚的掌状或节间极度短缩呈连珠状，以观茎为主的花卉，如仙人掌、山影拳、佛肚竹、文竹、假叶树等。

(四)观果花卉

植株的果实形状奇特，果色鲜艳，挂果期长，以观果为主的花卉，如冬珊瑚、观赏辣椒、佛手、金橘、乳茄等。

(五)树桩盆景

运用缩龙成寸、咫尺千里的手法，将多年生树桩经人工修剪、盘曲加工而成的艺术品。它是自然美景的缩影，极具观赏价值。常用材料有榕树、银杏、松柏等。

(六)其他观赏花卉

如观赏银芽柳毛茸茸、银白色的芽，观赏象牙红、马蹄莲、叶子花鲜红色的苞片，观赏球头鸡冠膨大的花托，观赏紫茉莉、铁线莲瓣化的萼片，观赏美人蕉、红千层瓣化的雄蕊等。

(七)芳香花卉

其花芬芳浓郁或清香扑鼻，醉人心脾，以闻香为主的花卉，如米兰、茉莉、桂花、含笑等。

三、按开花季节分类

(一)春 花 类

于2~4月期间盛开的花卉，如郁金香、虞美人、金盏菊、山茶花、杜鹃花、牡丹花、梅花、报春花等。

(二)夏 花 类

于5~7月期间盛开的花卉，如凤仙花、荷花、石榴花、紫茉莉、茉莉花等。

(三)秋 花 类

于8~10月期间盛开的花卉，如大丽菊、菊花、万寿菊、桂花等。

(四)冬 花 类

于11月至翌年1月期间盛开的花卉，如水仙花、腊梅、一品

红、仙客来、蟹爪兰等。

四、按栽培方式分类

(一)切花花卉

以生产鲜切花为目的的花卉，使用保护地栽培，统一进行定植、肥水管理，采收相对集中的生产方式，能周年供应的鲜花。

(二)盆栽花卉

利用花盆进行花卉栽培的生产方式，便于搬运和室内装饰。北方的冬季实行温室栽培生产，南方实行遮阳栽培生产。

(三)露地花卉

露地自然栽培的生产方式，此类花卉适宜露地自然环境，可进行城市绿化、庭院美化。

(四)促成栽培花卉

为满足花卉观赏的需要，根据开花原理，运用人为技术处理，使之提前开花的栽培方式。

(五)抑制栽培花卉

为满足花卉观赏的需要，运用人为技术处理，使之延迟开花的栽培方式。

(六)无土栽培花卉

运用营养液、水、基质代替土壤进行栽培的生产方式。多在现代化温室内进行标准化生产栽培。

五、按花卉对光照强度的要求分类

(一)阳性花卉

要求在阳光充足的条件下生长发育，光照不足则生长不良，开花不好，大部分观花、观果花卉属于此类，如碧桃、茉莉、牡丹、菊

花、扶桑、仙人掌类花卉等。

（二）耐阴花卉

这类花卉在光照充足的条件下生长良好，但也可以忍耐一定时间和程度的荫蔽，对光照强度的适应范围较大。但在光照过强及太荫蔽的条件下生长不好，如叶子花、一串红、橡皮树、铁树、桂花等。

（三）阴性花卉

这类花卉只能生长在荫蔽度在50%以上的弱光条件下，不能忍受阳光直接照射，否则叶色变黄，甚至焦枯，如兰花、肾蕨、杜鹃花、秋海棠等。

六、按花卉对光周期的要求分类

（一）长日照花卉

要求在长日照条件下，也即在昼长夜短时才能开花或开花得到促进的花卉。一般日照越长，开花越早，如桃花、紫茉莉、唐菖蒲、荷花、丝石竹、补血草、虞美人等。

（二）短日照花卉

要求在较短日照条件下，也即在昼短夜长时才能开花的花卉。若光照时间不短于6小时，光照时间越短，开花越早，如菊花、蟹爪兰、一品红等。

（三）日中性花卉

对日照长度要求不严格的花卉，只要其他条件适合，在不同的日照强度下都能开花，如月季、四季秋海棠、茉莉花等。

第二章 花卉生长发育的环境条件

花卉的生长发育依赖着周围的环境，环境条件中的温度、光照、水分、空气和土壤直接影响着花卉的生长与发育，这些因素是花卉生长发育的必要条件。在花卉栽培中只有综合、辩证地考虑各个环境条件对花卉的影响，才能创造出适宜的条件，满足花卉正常生长的需要，做到科学、合理的栽培，以达到最佳观赏效果。

一、温 度

花卉在生长发育的过程中，温度的高低，直接影响到花卉的生理活动，如酶的活性、光合作用、呼吸作用、蒸腾作用，这是在原产地长期适应形成的固有特性。花卉的一切生命活动必须在一定的温度条件下才能正常进行，温度过高过低都不利于花卉的生长。

(一)花卉生长对温度的要求

花卉生长要求的温度，一般有3个基点，即最低温度、最适温度和最高温度。最低温度是指花卉开始生长和发育的下限温度，一般为10℃～15℃；最适温度是维持花卉生命最适宜及生长发育最迅速的温度；最高温度是指维持花卉生命能忍受的上限温度，一般为28℃～35℃。高于上限温度或低于下限温度，都不利于花卉的生长，甚至使花卉受到伤害或死亡。不同花卉生长范围的3个基点温度是不同的，这主要与其原产地的环境温度有关。在一般情况下，原产于热带地区的花卉3个基点温度较高；原产于寒带地区的花卉3个基点温度较低；而温带地区的花卉则介于两者之间。大多数花卉的生长适温通常为18℃～28℃。超出适宜温度，则生长减慢甚至停滞。当温度超过花卉的上限温度时，常可导致叶片

灼伤枯黄；当温度低于下限温度时，常可造成寒害或冻害。根据花卉对温度的要求分为3种类型。

1. 寒性花卉　0℃以下的低温能安全越冬的花卉。它们是原产于寒带和温带以北的花卉，如三色堇、雏菊，金鱼草、玉簪、荷兰菊、羽衣甘蓝、菊花、郁金香、风信子、月季、碧桃、腊梅、紫叶桃、玫瑰等。

2. 耐寒花卉　能耐0℃的低温，0℃以下需保护才能安全越冬的花卉。它们是原产于温带的花卉，如石竹、福禄考、紫罗兰、桂竹香、鸢尾、木槿等。

3. 不耐寒花卉　在北方不能露地越冬，10℃以上的环境条件才能安全越冬的花卉。它们原产于热带及亚热带地区，如富贵竹、散尾葵、竹芋、马拉巴栗、矮牵牛、叶子花、扶桑等。

(二)花卉发育对温度的要求

1. 花卉生长发育的温度　花卉从种子萌发到种子成熟，对温度的要求随着生长阶段或发育阶段的改变而改变，如1年生花卉的种子发芽时要求较高的温度(25℃)，幼苗期要求温度偏低(18℃～20℃)，由生长阶段转入发育阶段对温度要求又逐渐增高(22℃～26℃)。2年生花卉种子发芽时要求温度偏低(20℃)，幼苗期要求的温度更低(13℃～16℃)，而开花结果期则要求温度偏高(22℃～26℃)。

根的生长，最适点比地上部分要低3℃～5℃，春天大部分花卉根的活动要早于地上器官。一些木本花卉的根开始活动，树液已流动，而地上芽尚未萌发，此时进行嫁接可提高成活率。

同一植物对温度的“3个基点”要求不同，如休眠期对温度要求偏低，生长期则偏高。

生长期的各个阶段对温度要求也不同，如先花后叶的梅花、牡丹花，花芽萌发的温度偏低，叶芽萌发的温度偏高。

植物光合作用时的温度比呼吸作用时要低，一般花卉的光合

作用在高于30℃时，酶的活性受阻，而呼吸作用在10℃～30℃之间每递增10℃，强度加倍，在高温条件下不利于植物营养积累。酷暑盛夏，除高温花卉之外，应采取降温措施。

2．**花芽分化对温度的要求** 花卉在发育的某一时期，需经低温后才能分化花芽而达到开花，这种现象称为春化作用。春化作用是花芽分化的前提，不同的植物对通过春化的温度、时间有差异，如秋播的2年生花卉需0℃～10℃才能通过春化，而春播的1年生花卉则需较高温度才能通过春化。花卉通过春化阶段在适宜的温度下才能分化花芽。

春花类花卉在6～8月间、温度在25℃以上时进行花芽分化。花芽形成后，经过冬季的低温越冬，才能在春季开花，否则花芽分化会受到障碍，影响开花，如梅花、桃花、樱花、海棠花、杜鹃花、牡丹等。

球根花卉在夏季高温生长期进行花芽分化，如唐菖蒲、晚香玉、美人蕉等。有些球根花卉则在夏季休眠期花芽分化，如郁金香花芽形成最适温度为20℃，水仙需13℃～14℃，杜鹃花需19℃～23℃。

原产于温带和寒带地区的花卉，在春、秋季花芽分化时要求温度偏低，如三色堇、雏菊、矢车菊等。

花卉的生长发育，不仅需要热量水平，还需要热量的积累。这种热量积累常以积温来表示。花卉特别是感温性较强的花卉，在各个生育阶段所要求的积温是比较稳定的，如月季从现蕾到开花所需积温为300℃～500℃，而杜鹃由现蕾到开花则需600℃～750℃；又如短日照的象牙红从开始生长到形成花芽需要10℃以上的活动积温为1 350℃，它在大于20℃的气温环境中仅需两个多月就能形成花芽并能开花，而在15℃的环境中就需要3个月才能形成花芽。了解感温花卉的热量条件，了解它们在生育过程中或某一发育阶段所要求的积温，对于促成栽培与抑制栽培有重要

意义。

(三)花卉对温度周期变化的适应

1. 温度的年周期变化　我国大部分地区属于温带，春、夏、秋、冬四季分明，一般春、秋季气温在10℃～22℃之间，夏季平均气温在25℃，冬季平均气温在0℃～10℃。对于原产于温带地区的花卉，一般表现为春季发芽，夏季生长旺盛，秋季生长缓慢，冬季进入休眠，如郁金香、红花石蒜、香雪兰、唐菖蒲等。倒挂金钟、天竺葵、仙客来虽不落叶休眠，但高温季节也常常进入半休眠状态。这样的休眠是植物在不良环境下的代谢平衡，经过休眠的花卉，在下一阶段生长发育得更好、更健壮。

由于温度年周期节律变化，有些花卉在1年中有多次生长的现象，如代代、佛手、桂花、海棠等。在秋季生长的秋梢，常由于面临严冬，枝条不充实，不利于分化花芽，应予以控制。

春化现象也是花卉对温度周期的适应。牡丹、芍药的种子如进行春播，则不能解除上胚轴的休眠；丁香、碧桃若无冬季的低温，则春季的花芽不能开放；为了使百合、水仙、郁金香在冬季开花，就必须在夏季进行冷藏处理。

2. 温度的日周期变化　昼夜温差现象是自然规律，白昼的高温，有利于光合作用；夜间的低温可抑制呼吸作用，降低对光合产物的消耗，有利于营养生长和生殖生长。适当的温差还能延长开花时间，使果实着色鲜艳等。各种花卉对昼夜温差的需要与原产地日温变化幅度有关。属于大陆气候、高原气候的花卉，昼夜温差10℃～15℃较好；属于海洋性气候的花卉，昼夜温差5℃～10℃较好；原产于低纬度的花卉，在昼夜温差很小的情况下，仍可生长发育良好。

花卉发芽、生长、现蕾、开花、结实、果实成熟、落叶、休眠等生长发育阶段，均与当时的温度密切相关。了解地区气温变化的规律，掌握花卉的物候期，对有计划地安排花事活动非常有利。

二、光照

光照是绿色植物生存的必需条件，它促进叶绿素的形成，是光合作用的能源。没有光照也就没有绿色植物。花卉栽培需要适宜的光照度、光质和光周期。

(一)光照度

光照度是指光照的强度。一般认为晴天中午的光照度为40 000～100 000勒，阴天的光照度在200～2000勒，白天室内的光照度在1000勒左右。光照度的强弱，对花卉植物体细胞的增大、分裂和生长有密切关系。光强度增加，植株生长速度快，促进植物的器官分化，制约器官的生长和发育速度，植物节间变短、变粗，提高木质化程度，改善根系的生长，促进花青素的形成使花色鲜艳。在花卉栽培中，花卉在吸收光照时需直射光或散射光。为便于栽培管理，根据花卉对光照度的需求分4种类型。

1．**阳性花卉**　栽培中必须有阳光充足的条件，才能生长发育而达到开花的花卉。光照充足使花卉植株高矮适宜，花芽分化正常，花色鲜艳，坐果率高，挂果时间长，如月季、荷花、香石竹、一品红、菊花、牡丹、梅花、一串红、唐菖蒲、郁金香、百合花、鸡冠花、冬珊瑚、石榴等。

2．**耐阴花卉**　春、秋、冬季需太阳直射光栽培，夏季需遮阳栽培的花卉，如扶桑、仙人掌、天竺葵、朱顶红、晚香玉、景天、虎尾兰等。

3．**阴性花卉**　在北方5～10月需遮阳栽培，在南方需全年遮阳栽培的花卉，如秋海棠、万年青、八仙花、变叶木、朱蕉、君子兰、何氏凤仙等。

4．**强阴性花卉**　在南北方都需全年遮阳栽培的花卉，如蕨类植物、马蹄莲、竹芋、绿萝、散尾葵、马拉巴栗、兰花等。

(二)光　质

花卉栽培是在太阳光的全光谱下进行的，但不同的光对光合作用和叶绿素、花青素的形成有不同的效果。

在光合作用中，绿色植物只吸收可见光区(380～760纳米)的大部分，通常把这一部分光波称为生理有效辐射。其中红、橙、黄光是被叶绿素吸收最多的光谱，有利于促进植物的生长。青、蓝、紫光能抑制植物的伸长而使植株矮小，有利于控制花青素等植物色素的形成。在不可见光谱中紫外线也能抑制茎的伸长和促进花青素的形成，它还具有杀菌和抑制植物病虫害传播的作用。红外线是可转化为热能的光谱，使地面增温及增加花卉植株的温度。

花卉在高原地区栽培，受太阳蓝、紫光及紫外线辐射较多，花卉具有植株矮小、节间较短、花色艳丽等特点。花青素是各种花卉的主要色素，它来源于色原素，越是阳光强烈，对花青素的形成越有利。

(三)光周期现象

光周期现象就是指植物对一昼夜光照与黑暗交替的反应。有些花卉在栽培中需要光周期现象，才能完成植物的生理要求，达到开花的目的。根据花卉对光周期的不同要求，可分为长日照花卉、短日照花卉和日中性花卉。了解花卉开花对日照时数长短的反应，对调节花期具有重要的作用。利用这一特性可以使花卉提早或延迟花期，如使短日照花卉长期处于长日照的条件下，它只能进行营养生长，不能进行花芽分化，不形成花蕾开花；而如果采用遮光的方法，可以促使短日照花卉提早开花。反之，用人工加光的方法，可以促使长日照花卉提早开花。

三、水分

水分是植物的重要组成部分，约占花卉鲜重的70%～90%。

也是植物生理活动的必要条件。植物的光合作用、呼吸作用、矿物质营养吸收及运转，都必须有水分的参与才能完成。花卉所需要的水分，主要是根系从土壤中吸收，但空气中的水分状况(湿度)对花卉的生长发育也有很大影响。

(一)不同花卉对水分的要求不同

根据花卉对水分的不同要求，可将花卉分为以下4种类型。

1. **旱生花卉** 原产于干旱或沙漠地区，耐旱能力强的花卉。这类花卉在长期发育过程中已从生理方面形成固有的耐旱特性。植物茎变态肥厚，贮存水分和营养，叶片变小为针刺状，或叶片表皮角质层加厚呈革质状，以减少水分蒸发，使植物细胞浓度大，渗透压大，减少水分的蒸腾。同时，地下根系发达，吸收水分能力强，如仙人掌科、景天科、番杏科植物等。在栽培中，要掌握"宁干勿湿"的原则。

2. **中生花卉** 原产于温带地区，既能适应干旱环境，也能适应多湿环境的花卉。根系发达，吸收水分能力强，适应于干旱环境；叶片薄而伸展适应于多湿环境，如月季、菊花、山茶花、牡丹、芍药等。在栽培中，应掌握"干透浇透"的原则。

3. **湿生花卉** 原产于热带或亚热带，喜土壤疏松和空气多湿环境的花卉。这类花卉根系小而无主根，须根多，水平状伸展，吸收表层水分。大多通过多湿环境补充植株水分，以保持体内平衡，如兰花、马蹄莲、水仙、竹芋等。在栽培中，应掌握"多湿少水"的原则。

4. **水生花卉** 常年生长在水中或沼泽地上的花卉。这类花卉植物体内具有发达的通气组织，通过叶片、叶柄直接吸收氧气，须根吸收水分和营养。它们无主根而且须根短小，必须依附水中或者在沼泽地中生存，如荷花、睡莲、慈姑、凤眼莲等。

(二)花卉栽培对水分的要求

花卉在栽培中对水分有不同的要求，同一花卉在不同的生长

发育时期，对水分的要求不同。种子发芽浸泡需足够的水分，种子萌发后在苗期需控水，这种现象称“蹲苗”，以利于根系的生长。营养生长旺盛期需水量最多，以利于细胞的分裂和细胞的伸长以及各个组织器官形成。生殖生长期需水偏少，以控制生长速度和顶端优势，有利于花芽分化。孕蕾期和开花期，需水偏少，以延长观花期；坐果期和种子成熟期，需水偏少，以延长挂果观赏期和种子成熟期。

栽培中如果空气湿度过大，往往使花卉的枝叶徒长，容易造成落蕾、落花和落果。同时也降低了抗病抗虫的能力。观叶植物则需要较高的空气湿度，以增加枝叶的亮度和色泽。

四、土 壤

土壤是植物生命活动的场所，是花卉栽培的重要基质。土壤质地、物理性能和酸碱度都能影响花卉的生长发育。花卉要从土壤中吸收水分、营养和氧气，调节好土壤的质地和肥料才能满足花卉生长的要求。

(一)土 质

花卉栽培的土壤要求质地疏松，含腐殖质，透气性好，有保肥性能、蓄水性能和排水性能，无病虫害和杂草种子。

露地花卉的根系在土壤中能够自由伸展，对土壤要求土层深厚、通气和排水良好、具有一定的肥力。

(二)土壤的酸碱度

土壤的酸碱度是指土壤中的氢离子浓度，用pH值表示。土壤pH值大多在4～9之间。土壤的酸碱度要符合花卉生长的要求。它既调节土壤的物理性状结构，也提高花卉植物营养元素吸收的有效性。各种花卉对土壤酸碱度有着不同的要求，根据花卉对土壤的酸碱度反应，分为以下3种类型。

1. **酸性土花卉** 适合在pH值4~5之间生长良好的花卉。这类花卉如用碱性土壤栽培，会影响铁离子吸收，使花卉缺铁，叶片发黄，如杜鹃、栀子、茉莉、山茶、桂花及兰科花卉等。

2. **中性土花卉** 适合于土壤pH值6.5~7.5之间生长良好的花卉，如月季、菊花、牡丹、芍药、一串红、鸡冠花、半枝莲、凤仙花、君子兰、仙客来等。

3. **碱性土花卉** 适合在土壤pH值7.5以上生长发育的花卉，如香石竹、丝石竹、香豌豆、非洲菊、天竺葵、柽柳、蜀葵等。

五、花卉的营养与肥料

(一)营养元素及其生理作用

花卉在生长发育过程中，需要从环境中吸收几十种化学元素，其中碳、氢、氧、氮、磷、钾、钙、镁、硫、铁、铜、锌、硼、钼、锰、氯等16 种为必需元素。前9 种需要量较多，约占花卉干重的百分之几到千分之几，通常称为大量元素；后7种需要量很少，约占干重的万分之几乃至百万分之几，称为微量元素。尽管花卉对各种营养元素需要量差别很大，但它们对花卉的生长发育都有很大影响，每种元素都有独特的作用，既不可缺少，又不可互相代替。碳、氢、氧是组成花卉的主要元素，占干重的90%以上，可从空气中的二氧化碳和水中获得。氮、磷、钾是花卉从土壤中吸收量最多的元素，但需要量要比土壤供应量大得多。因此，必须经常施肥予以补充。通常把氮、磷、钾称为肥料的三要素。在一般条件下，钙、镁、硫、铁和其他微量元素都可以从土壤中得到满足。但我国南方地区，因雨水多，钙、镁容易流失，需要适当补充。铁在石灰性土壤中易被氧化，有效性降低，会引起花卉黄化，需要以亚铁的形式加以补充。主要元素的生理作用如下。

1. 氮 氮是组成蛋白质、叶绿素、多种酶类、生理活性物质的

成分，约占植株干重的1.5%，在花卉生长发育过程中起着重要作用，因此被称为生命元素。氮素供应充足时，枝叶茂盛，叶大而鲜绿，光合作用旺盛，植株健壮，花多产量高，园艺上称之为“叶肥”。它在植物体内多聚集在生长旺盛的部位。因此，生长初期施氮肥具有明显促进生长的作用。但生长后期，如施入过量的氮，会使茎、叶徒长，贪青迟熟，影响开花结果，易倒伏并招致病虫害，还会引起肥害，导致根部腐烂而烧苗。因此，施用氮肥要掌握适时适量。

当花卉缺氧时，生长缓慢，植株矮小，叶小而薄，老叶黄化，营养不良。

2. **磷**　磷是细胞类脂、核酸和某些蛋白质的组成元素，并参与体内物质、能量一系列代谢过程。磷可促进根及幼芽的生长，促进开花结实，提早成熟，园艺上称之为“果肥”。磷对于块根、块茎等贮藏器官的生长也有利，并能提高花卉的抗寒性与抗旱性。磷肥供应充足时，植株健壮，根系发达，花色艳丽。在生殖生长期施入磷肥，增产效果明显。

缺磷时，根系生长受抑制，幼芽生长缓慢，叶小，分枝少，花、果减少，开花延迟，种子发育不充实。

3. **钾**　钾离子是许多酶的活化剂，不直接参与有机化合物的形成，而参与多种代谢过程并起调节作用。在植株体内多集中在幼芽、嫩叶、根尖处，对新根生长有明显效果，园艺上称之为“根肥”。钾能促进碳水化合物的合成和运输。当钾肥供应充足时，茎秆坚韧，抗病虫，抗倒伏，提高花卉的抗寒、抗旱性，促进块根、块茎膨大和种子饱满。

缺钾时，茎秆细弱，易倒伏，叶尖、叶缘黄化、焦枯、碎裂，叶脉间出现坏死斑点，严重时会使大部分叶片枯黄。

4. **钙**　钙是细胞壁的组成成分，能促进幼根的生长和根毛的形成。缺钙时，细胞壁不能形成，并会影响细胞分裂，使生长受抑

制，严重时芽和幼根溃烂坏死，嫩叶失绿，叶缘卷曲。

5. 镁 镁是叶绿素的组成成分，同时也是一些酶的活化剂。缺镁时，叶绿素不能合成，叶片边缘和中部失绿变白，叶脉间变黄并出现各种色斑，老叶变黄，植株生长不良。

6. 硫 硫是构成蛋白质和酶的成分，在体内有着广泛的生理作用。缺硫会使叶绿素含量降低，幼叶叶脉黄化，严重时叶片呈黄白色，根系发育也不正常。

7. 铁 铁是酶的重要组成成分，也是合成叶绿素所必需的。缺铁会引起缺绿症，尤其会引起嫩叶黄化。

8. 硼 硼能促进体内碳水化合物的运输，促进根系发育和开花结果。缺硼会影响花芽分化和发生落花、落果现象，还会使茎秆开裂。

(二)肥 料

肥料是指能提高土壤肥力，供给花卉养分，促进花卉生长的物质。根据其性质不同，可分为有机肥、无机肥和微生物肥 3 种类型。

1. **有机肥料** (也称农家肥)。是指其营养元素以有机化合物形式存在的肥料，主要是动植物残体和动物排泄物，如人粪尿、厩肥、骨粉、泥炭、堆肥、饼肥等。农家肥是一种完全肥料，一般都含有花卉生长所需要的各种营养元素。农家肥见效慢，但肥效稳而大，因此又称迟效肥料。增施农家肥可改良土壤结构，有利于根系的生长发育和养分的吸收。农家肥必须腐熟发酵后才能使用，如果未经腐熟施下，它在土壤中发酵产热会引起伤根。农家肥多用做基肥，发酵的饼肥水也可做追肥。

2. **无机肥料** 是指其营养元素以无机化合物的形式存在的肥料。一般要经过化学工业生产，因而又称为化肥。其特点是养分单一，元素含量高，用量少，肥效快，清洁卫生，使用方便。常用的有尿素、碳酸氢铵、硫酸铵、硝酸铵等氮肥；过磷酸钙、磷

酸铵、磷酸二氢钾等磷肥；硫酸钾、氯化钾、硝酸钾等钾肥，以及复合肥、微量元素肥料等。化肥养分单一，不含有机物质，长期使用会使土壤板结，因此，必须与有机肥料和多种化肥元素配合使用，才能获得良好的效果。

3．微生物肥料　这种肥料是利用对植物有益的微生物来提高土壤肥力，刺激花卉生长，更好地发挥有机肥和无机肥的效用。常见的有根瘤菌肥、固氮菌肥、菌根菌肥等。

六、空 气

空气的各种成分，有的为花卉生长所需要，有的则有害无益。随着城乡的绿化、装饰，绿化覆盖面积越来越大，净化空气的效果越来越好。随着工业生产的发展，空气时常受到不同程度的污染，有的花卉吸收了有害气体，起到了净化、环保的作用；有的花卉受到危害，影响了正常的生长发育。

（一）空气中的氧气

空气中的氧气是植物呼吸作用所必需的。空气中的氧气含量可满足花卉的生长需要，但土壤中氧气含量比大气要低得多，通常只有10%～12%，特别是质地黏重、板结、性状结构差、含水量高的土壤，常因氧气不足，使植株根系不发达或缺氧而导致植株死亡。各种花卉的根系多数有喜氧性，花卉盆栽选用透气性较好的瓦盆最好。盆栽花卉的根系在盆壁与盆土接触处生长最旺盛。在花卉栽培中，排水、松土、翻盆及清除花盆外的泥土、青苔等工作都有改善土壤通气条件的意义。

不同花卉的种子发芽对氧气的反应不一样，如矮牵牛种子有一定湿度就能发芽；大波斯菊、翠菊、羽扇豆的种子如果浸泡于水中，就会因缺氧而不能发芽。大多数的花卉种子都需要土壤含氧量在10%以上，这样发芽好；土壤含氧量在5%以下时，许多种子

不能发芽。

(二)空气中的二氧化碳

二氧化碳是植物光合作用的主要原料。空气中二氧化碳的浓度对光合强度有直接影响。如浓度过大，超过常量的10～20倍，会迫使植物的气孔关闭，光合强度下降。白天阳光充足，植物的光合作用十分旺盛，如果空气流通不畅，二氧化碳的浓度低于正常浓度的80%，就会影响光合作用正常进行。露地花卉的栽培株行距要适宜，盆花栽培的摆放不要太密，应留有一定的风道进行通风。

(三)空气中的有害物质与花卉的抗性

目前，在工业集中的城市区域，大气中的有害物质可能有数百种，其中影响较大的污染物质有粉尘、二氧化硫、氟化氢、硫化氢、一氧化碳、化学烟雾、氮的氧化物、甲醛、氨、乙烯及汞、铅等重金属及其氧化物粉末等。在这些物质中，以二氧化硫、氟化氢、氯、化学烟雾以及氮的氧化物等对花卉植物危害最严重。但是不同的污染物质对不同的花卉危害程度不一，有的花卉抗性较强。对有害气体抗性较强的花卉有以下几种。

1．**抗二氧化硫的花卉** 有金鱼草、蜀葵、美人蕉、金盏菊、紫茉莉、鸡冠花、玉簪、大丽菊、凤仙花、地肤、石竹、唐菖蒲、菊花、茶花、扶桑、月季、石榴、龟背竹、鱼尾葵等。

2．**抗氟化氢的花卉** 有大丽菊、一串红、倒挂金钟、山茶、天竺葵、紫茉莉、万寿菊、半支莲、葱兰、美人蕉、矮牵牛、菊花等。

3．**抗氯气的花卉** 有扶桑、山茶、鱼尾葵、朱蕉、杜鹃、唐菖蒲、一点樱、千日红、石竹、鸡冠花、大丽菊、紫茉莉、月季、一串红、金盏菊、翠菊、蜈蚣草等。

第三章　花卉的繁殖

花卉的繁殖是花卉栽培的基础，搞好花卉的繁殖是花卉栽培获得成功的关键。花卉繁殖可分为有性繁殖和无性繁殖两大类。

一、有性繁殖(种子繁殖)

利用花卉有性生殖过程产生的种子进行播种而取得实生苗的方法叫做有性繁殖，又叫种子繁殖。有性繁殖具有种子数量多，易采收保存，繁殖系数高，实生苗生命力旺盛，能在短期内获得大量幼苗等优点。同时，实生苗后代变异性较大，便于选择驯化，可以从中选育出新品种。但是，实生苗营养生长期较长，比无性繁殖的后代开花结果晚，也不容易保持母株的优良性状。另外，有很多重瓣花卉已丧失结实能力，不能再进行有性生殖，这是种子繁殖的不足之处。一般草本花卉多采用此种繁殖方法。

(一)种子的采集与贮藏

当种子成熟时要及时采集。选择性状优良、生长旺盛、无病虫害、正处壮年的植株采集种子。采收清理后，选取籽粒饱满的种子，在通风处晾干(忌暴晒)，保存于干燥阴凉、空气流通的地方，宜低温贮藏。

种子的寿命因种类、成熟情况和贮藏条件而异。有些花卉的种子在采收后很快就失去发芽力，这类种子应采后即播，不宜久存。一般花卉种子生命力可保持2～3年或更长时间。但随着种子贮藏时间的延长，不仅发芽率逐渐降低，而且萌发后植株的生活力也降低。所以，应尽可能地缩短种子的贮藏时间，尽量采用新鲜种子播种。

(二)种子萌发的条件

具有生命活力的种子有了充足的水分、适宜的温度和新鲜的空气(氧气),一般都易发芽。但也有少数花卉的种子需要在有光的条件下才能萌发;还有的花卉种子的休眠不易被打破,需要经过一定的处理才能发芽。

充足的水分是种子萌发的首要条件。种子吸水后,坚硬的种皮软化,氧气透过种皮进入种子内,其生理代谢活动才能进行。不同种子吸水量不同,一般种子需要的吸水量超过种子干重的25%~50%,有的甚至更多。但是,如果水分过多,易引起种子氧气缺乏,进行无氧呼吸,产生二氧化碳和酒精,造成中毒、腐烂而失去发芽能力。

种子发芽的适宜温度因种类而异。热带花卉多需高温;温带的木本花卉,不经一定时期的低温,则不易发芽。一般花卉种子在15℃~25℃下即能发芽。一般春播花卉以20℃以上的温度为佳,秋播花卉则以15℃左右为好。

(三)播种前种子的预处理

为了促使种子迅速发芽,对一些种皮硬和发芽缓慢的种子,在播种前可进行适当的处理,以促使种子发芽迅速、整齐。常用的方法有以下几种。

1. 水浸种　对一般种子,播前可先浸于水中,使其充分吸水膨胀,软化种皮,取出稍阴干后播种。用冷水或温水浸种均可,但以40℃左右的温水浸种效果较好。浸种时间以不超过一昼夜为宜,过久种子易腐烂。

2. 冷藏或低温层积沙藏　对于要求低温才能完成休眠的种子,需将种子在0℃~5℃的温度下处理2~3周,或在秋季将种子与湿沙分层露地贮藏,翌年春季取出播种,可以打破休眠,促进发芽。

3. 机械处理　对一些种皮坚硬的种子,可采用机械破皮,以

开裂、擦伤或磨伤种皮，改善种皮透性，从而促进发芽，也可用砂纸磨，用锉刀锉，用锤子砸或用钳子夹等方式进行破皮处理。

4．酸、碱处理　对一些种皮坚硬的种子，也可用酸、碱溶液处理，使种皮软化，变薄，增加透性，以利于萌发。通常采用浓硫酸或10%的氢氧化钠溶液浸种，处理时间因种皮硬度而异，可以几分钟到几小时不等，浸到种皮柔软为止。处理后用清水充分冲洗干净，而后播种。

(四)播种时期

1．露地播种期　主要分春播(3～4月份)和秋播(8～9月份)。1年生植物耐寒力弱，通常在春季晚霜过后播种。2年生植物通常在炎夏过后秋凉时播种。木本植物常在春季播种，但一些硬粒种子如松柏类、梅、桃等可在秋、冬季播种。

2．温室播种期　温室花卉的播种期常随需要的花期而定，没有严格的季节限制，一年四季都可进行。春天开花的花卉需在前一年秋季播种，如瓜叶菊、蒲苞花、报春花等。其他花卉多在春季播种。

(五)播种方式和方法

播种方式有床播、箱播和盆播3种类型。

1．床播　选背风向阳、排水条件好、土质疏松肥沃的地段，整地做畦，宽约1米，长度不限。畦面翻松，细碎土块，整平踏实，灌透水，待水渗入地下后，将种子均匀地撒播于畦面上，撒上适量的呋喃丹，也可用50%辛硫磷乳油拌种，以防止地下害虫。若种子细小，可将种子掺入河沙然后撒播，再用筛过的土覆于种子上面，厚度以种子的1～2倍为宜。细小如粉的种子可不必覆土，只需上搭塑料薄膜拱棚，保温保湿，以利于种子发芽。出苗后，适当通风，并逐渐将薄膜揭去。播种前畦面也可不先灌水，待播种覆土后撒上一层麦秸或稻草，再用喷壶喷水，以后经常喷水保持湿润，待种子发芽时撤去覆盖物，让幼苗见光，使之生长健壮。

2. **箱播**　用木板钉制成箱床，一般长70厘米，宽45厘米，高12厘米，箱底每隔10厘米钻一排水孔。箱底先垫3厘米厚的粗沙，再填满培养土，用压土板压实土壤，浇足水后播种，然后覆盖一薄层腐叶土，用玻璃或塑料薄膜盖住箱面，保湿发芽。

3. **盆播**　先将土壤进行消毒，再放入广口浅盆中压实，均匀播下种子，筛上比种子厚1.5倍左右的细土，压实后，将花盆底部浸入水池中，让盆土充分吸水，到盆土全部湿润后，盖上玻璃，放半阴处；待出苗后，去掉玻璃，给以光照，如果是细小的种子，播前可掺些细沙土，播后不再覆土，用木板压实后浸盆，盖上玻璃即可。

播种方法大致有如下3种类型。

1. **撒播法**　将种子均匀地撒播于畦面上，此法多用于大量播种及细小的种子。

2. **条播法**　按照一定的行距，将种子成条状播种的方法。

3. **点播法**　按照一定的株距，进行开穴播种。一般每穴播种2～4粒，发芽后留1株生长强健者，其余拔除或移植他处。此法多用于大粒种子或少量种子的播种。

(六)播后管理

播种后，要注意保持合适的温度和湿度，给水要均匀，不可使苗床忽干忽湿或过干过湿。幼苗出土后，要及时去除遮盖物，控制浇水，增加光照，加强通风，以防止病虫害发生。根据幼苗生长情况，一般在长出3～4片真叶时进行间苗、移植，防止徒长。

二、无性繁殖(营养繁殖)

无性繁殖是利用花卉的根、茎、叶等营养器官的再生机能在人工辅助下培育新植株的方法，也称营养繁殖。包括扦插、压条、嫁接、分株和组织培养等。无性繁殖的个体因其是母体的分割部分，变异性很小，一般都能保持母本的优良性状。又因其个体发育阶

段乃是所用器官或供繁殖部分所处的阶段，所以就不必再经历实生苗所必须经历的初期营养发育阶段，因此可比实生苗提早开花结实。但此种方法除组织培养外，繁殖系数相对较低，短期内难以获得大量花苗，而组织培养繁殖系数虽高，但要求的技术条件也较高，生产上难于推广普及。

(一)扦　插

扦插是选用花卉的枝、叶、根等营养器官的一部分作为繁殖材料，插入沙、土、水等介质中，促其生根、发芽，长成完整、独立植株的繁殖方法。其理论基础是植物具有再生机能。当植物体的某一部分受伤或被切除而植物整体的协调受到破坏时，能够表现出一种弥补损伤和恢复协调的机能。伤口部位的细胞恢复分裂能力形成愈伤组织，并可再分化形成新的不定根和不定芽，通过生理结构的调整，再次形成完整的植物个体。

1．扦插季节　根据扦插时间不同，大体可分为休眠期硬枝扦插和生长期嫩枝或软枝扦插。休眠期扦插多用于落叶花木，在秋、冬季进入休眠后和春季萌发前的11月份或2～3月份进行。生长期扦插是在花卉生长过程中取嫩枝或成熟新枝扦插。露地扦插于5～6月份进行。温室扦插全年均可进行。

2．扦插介质　扦插介质应疏松透气，排水保水，洁净，无病原菌。以泥炭、山地腐叶土、沙、珍珠岩、园土或以上几种材料混合使用为好。常用扦插介质有以下种类。

(1)园土　即普遍栽培用的壤土,以排水透气好的砂壤土效果较好。

(2)扦插培养土　在园土内掺入河沙、泥炭、草木灰等，使之疏松透气，有利于排水。

(3)河沙　中等粗细的河沙是一种优良的介质，适应于多种花卉的扦插，如供水均匀，则易于生根。

(4)腐殖质土　微酸性的山地腐叶土，适于山茶、杜鹃、茉莉花

等喜酸性花卉的扦插。

(5)蛭石、珍珠岩　为矿物材料，常和泥炭或河沙混合做介质，栽培效果良好。

(6)清水　适于在水中容易生根的花卉，如秋海棠、巴西木、夹竹桃等。但要经常换水。

3．扦插方法

(1)枝插　一是硬枝扦插。选取成熟、木质化、节间短而粗壮的1～2年生枝条中部，剪成长约10厘米、有3～4节的插穗，剪口要临节，下端要平滑。插穗可埋藏于露地土中或沙中，于早春按一定株行距将插穗的2/3插入插床，浇透水。也可于冬季塑料棚内直接扦插。二是半硬枝扦插。主要是常绿木本花卉的生长期扦插。取当年生的半成熟顶梢，长约8厘米，去掉下半部分叶片，仅留顶端2～3片叶，插入插床1/2～2/3。插后浇水，遮荫。三是软枝扦插。主要是草本花卉或温室花卉的当年生嫩枝扦插。剪取枝条顶梢长约8厘米的小段，只留顶端2～3片叶，插入深度为1/3～1/2。插后浇水遮荫。

(2)叶芽插　取枝条上较成熟部分的芽，带叶片，长约2厘米的枝条做插穗。芽的对面削去皮层，将插穗的枝条平插入土中，芽梢隐没于土中，叶片露出土面。

(3)叶插　具有肥厚叶片和叶柄的花卉，其叶脉、叶缘及叶柄之处可在插床上生根发芽。将叶片上的侧脉于近主脉处切断数处，平铺在插床面上，叶柄插入介质，使叶片和介质密切接触。遮荫保湿。

(4)根插　用根做插穗，仅用于某些能从根部产生不定芽的种类，如芍药、凌霄、腊梅等，将其粗壮的根剪成5～10厘米的插穗，全部埋入插床，或使顶梢露出土面即可。

4．扦插生根的环境条件　扦插能否成活，关键在于插穗能否及时生根以吸收水分和营养。影响生根的因素主要是亲本的遗传

特性及插穗的年龄、成熟度和温度、湿度等环境条件。要求插穗具有较强的生活力，另外应防止环境干燥而使插穗失水萎蔫和插穗腐烂。影响扦插生根的环境条件主要包括温度、湿度、氧气、光照和介质特性。

(1)温度　不同花卉要求不同的扦插温度。一般生根所需温度与芽萌发生长所需的温度基本是一致的。一般在15℃左右，只要具备生根能力的插穗，或多或少地都可进入生根活动状态。温带一般花卉要求在20℃左右的温度；热带花卉适宜在25℃～30℃的温度扦插；多数花卉的嫩枝扦插宜在20℃～25℃之间进行。许多花卉在25℃左右随着温度的升高，生根能力逐渐加强，但腐烂也加剧。一般土温高于气温3℃～6℃时，可以促进生根，避免芽已萌发但未生根，导致插穗水分失去平衡而引起萎蔫死亡。

(2)湿度　保持合理的土壤湿度及空气湿度，对扦插成活极为重要。从扦插到生根这段时间，插穗代谢所需的水分主要由介质提供，因此介质干燥影响生根，但介质过湿则易引起插穗腐烂。对带叶嫩枝扦插，为了防止过分蒸腾失水，要求空气有足够的湿度，一般相对湿度应保持在80%左右。为了保持空气湿度，一般需要避风、遮荫、喷雾，也可用透明薄膜覆盖防止过度蒸腾。

(3)氧气　生根过程是呼吸作用旺盛的过程，氧气是重要的条件之一。因此，在保证介质湿度的前提下保证通气良好。要求介质既要通气良好，又易保持水分且排水良好。

(4)光照　根的形成和生长不直接需要光照，但地上部分需要在光照下同化营养物质，以促进生根，特别是嫩枝扦插更需要光照。因此，在保证空气湿度的前提下，应尽量见光，以提高光合效率，特别是生根后应逐渐通风透光，提高幼苗的生活力，待植株壮实后方可移植。

5．促进扦插生根的方法

(1)生长调节剂处理　植物生长调节剂在生产上已被广泛应

用，对促进插穗生根效果明显。常用的生长素有吲哚丁酸、吲哚乙酸、萘乙酸等，不同浓度的生长素对不同的插穗效果不同。植物生长调节剂的使用方法：低浓度是用10～200毫克/升生长素溶液浸泡插穗基部6～20小时；高浓度是用500～2000毫克/升速蘸1～2秒钟。生长素不溶于水，需先用少量0.1摩尔的氢氧化钠溶液溶解后再加水稀释到所需要的浓度。目前市场上有各类生根粉，一般都含有生长素和硼酸等成分，其生根效果很明显。

(2)升高底温法　当介质温度比气温(约20℃)高3℃～6℃时，可促其提前生根。因此，可采用电热温床或将插床设置在暖气管道上，也可在插床介质下铺一层10～15厘米厚的马粪，以提高介质的温度。

(3)全光雾插　在嫩枝带叶扦插时，为了防止叶子在光照下因蒸发而萎蔫，可向叶片上喷雾，使叶片保持湿润。为了避免插床下湿度过大，不能连续喷雾，应采用间歇喷雾，当叶面上没有水珠时即进行喷雾。间歇喷雾持续时间和间歇时间均可用人造叶状感湿器来自动控制。此种方法可扩大扦插规模，缩短扦插周期，大大提高繁殖速度。

(二)压条繁殖

压条繁殖是将母株的枝条埋压在土中，创造生根的环境条件，使之生根成苗。此法多用于扦插难以生根的花卉。其优点是成活率高、成苗快，不需要特殊的养护条件，但繁殖系数低，产苗量少。基本方法是先将母株的枝条刻伤，然后埋入土中，促使伤口部分发生新根，然后，将它们剪离母体后移苗另栽，从而形成新的植株。压条时期一般落叶树在早春发芽前，常绿树种多在梅雨季节进行。常见压条方法有以下几种。

1．普通压条法　将母株基部近地面的1～2年生枝条下部弯曲埋入土中，入土深度10～20厘米，枝条上端露出土面。对压入土中部分进行纵向刻伤，深达木质部，或环状剥皮，也可用细铁丝

缢缚使成缢痕，让营养物质在此处积累，以利于生根。并用木钩或砖石压住枝条，使其固定于穴中，覆土厚10～20厘米，并压紧。生根后剪离母株，半年后起苗移栽。对于节部易生根的种类，可采用连续压条法，即在母株的一侧先开挖较长的纵沟，然后把靠近地面枝条的节部略刻伤，再把它们浅埋入土沟内，并将枝条先端露出地面。经过一段时间，埋入土内的节部可萌发新根，不久节上的腋芽萌发形成新株。待苗株老熟后，用利刀深入土层内把各段的节间切断，经过半年以上的培养，即可起苗移栽。对一些节间长的蔓生性花卉可采用波状压条法，即将枝条呈波浪状逐节埋入土内，待节部生根后从露在外面的节间部分逐段剪断，以后腋芽萌发形成苗株后分栽。

2．壅土压条　对于丛生性强的直立性花灌木，在春、夏生长季节，可将枝条下部距地面20～30厘米处进行环割，然后培以土堆，把整个株丛的下半部分埋入土中；土堆应经常保持湿润，经过一段时间后，环割后的伤口部分可长出不定根，翌年早春刨开土堆，并从新根的下面逐个剪断，另行栽植。

3．高枝压条　适于枝条发生部位较高又不易弯曲的种类，如广玉兰、白兰花、柑橘类、山茶等。在生长季节选择2年生枝条，于下半部分刻伤或做环状剥皮，用对开的花盆、竹筒或塑料袋等套于刻伤部位，并固定于较粗的枝条或支架上，里面填上苔藓、泥炭土或培养土，注意浇水，保持湿润，不久即可生根。大多需要经过半年以上的养护再剪离母株，然后带原土上盆栽植或地栽。

(三)分生繁殖

此法是将丛生的母株分割成数株，每株都带有部分根与茎，因此成活率很高。因花卉植物的生物学特性不同，又可分成分株法和分球根法两种方式。

1．分株法　多用于丛生性强的花灌木和萌蘖力强的多年生草花。分株时期一般在春季或秋季。对于露地丛生型花卉，先将

整个株丛从土中掘起，并多带根系，抖去泥土，然后在容易分割处用刀断开，分割成数丛，每一小丛至少应有2～3个芽，以便分栽后能迅速形成株丛。大型灌木类花卉分株时，不必全株掘起，可从根际一侧挖出幼株分离栽植，对盆栽花卉，分株前先把母株从盆内脱出，抖掉大部分泥土，找出每个萌蘖根系的延伸方向，并把盘在一起的团根拆分开来，尽量少伤根系。然后用刀把分蘖苗和母株连接的根颈部分割开，立即上盆栽植。

2. 分球根法　球根类花卉的地下部分分生能力都很强，每年都能生出一些新的球根。多采用分球根法来繁殖。分球根的时期在休眠后，球根掘出时即可进行。对于球茎类花卉，用手指将母球周围的子球掰下分别栽植，大球茎当年即可开花，小球茎需培养2～3年才能开花。对块茎类如美人蕉，需根据其分枝情况，切割成数段，每段须带有顶芽，另行栽植。

（四）嫁接繁殖

嫁接是将植物优良品种的枝或芽，移接到另一带根植物上，使二者接合在一起成为新的个体，并继续生长下去的繁殖方法。被取用的枝条或芽称为接穗，将来发育成树冠，承受接穗的带根部分称为砧木。

1. 嫁接成活的条件　嫁接成活的关键是砧木和接穗能否长出足够的愈伤组织，并紧密接合在一起。因此，砧木和接穗必须具有亲和力，即砧木和接穗在内部的组织结构及生理遗传特性上彼此相同或相近，从而互相接合共同生长在一起。亲和力高，嫁接成活率也高。一般来说，同一种内不同类型、不同品种之间互相嫁接，大多具有亲和力；同一属内种间嫁接有的有亲和力，有的无亲和力；科与科之间的嫁接一般无亲和力。

2. 嫁接时期　为了满足愈伤组织生长的各种环境条件，并使从嫁接到成活这段时间最短，多采用3～4月份春季枝接和7～8月份生长季芽接。

枝接是在春季芽萌发前2～3周进行，一般花木多在3～4月份进行，而有些萌芽早的种类要在2月下旬或3月上旬进行，因此时砧木的根部及形成层已开始活动，而接穗的芽即将开始活动，树液开始流动，水分和营养开始运输，有利于嫁接成活。

芽接多在树液流动旺盛的夏、秋季进行，此时接穗腋芽发育成熟而饱满，砧木树皮容易剥离。7～8月份是芽接的最适时期，过早芽分化不完全，过晚砧木不易离皮，愈伤组织也难以形成，不易成活。

3. **砧木与接穗的选择** 砧木应对接穗具有较强的亲和力，且根系发达、抗寒、抗涝、抗病虫害能力强，并对当地自然环境条件有较强的适应性。同时还可根据特殊需要选择根系小，适合盆栽的砧木或使嫁接苗矮化的矮化砧。一般砧木应比接穗粗，至少与接穗一样粗细。接穗应选择优良品种的壮年健康植株上的充实而粗壮的枝条。枝接用前年萌发的1年生枝条的中段作接穗；芽接采用当年生枝上的成熟饱满芽作接穗。接穗应保存在湿润、阴凉的环境中，以减少蒸发，最好随采随接。春季枝接可利用冬剪下来的1年生枝条进行沙藏，到翌年春季取出应用。

4. **嫁接方法** 嫁接的主要原则为切口必须平滑，砧木与接穗的形成层必须密切接合，接后伤口必须绑紧，防止蒸发干燥。嫁接的方法很多，主要有以下几种。

(1)*劈接* 适用于较粗的砧木。劈接时，首先在适当部位锯断砧木并削平锯口，然后在砧木中间劈一垂直的切口。可以把劈接刀放在劈口部位，用木棍轻轻地敲打刀背，使劈口深达3厘米左右。将接穗剪成5～10厘米长，带有2～3个芽。将接穗下端3厘米左右处的两侧各削1刀，形成1个楔形斜面，长2～3厘米，削面要平整光滑。用劈接刀撬开切口，把接穗轻轻地插入砧木一侧，对准双方的形成层，务必使外侧形成层密切接合。较粗的砧木可于切口两侧各插入一个接穗，插接穗时，不要把削面全部插进去，要

留3～5毫米的削面在砧木外，这样有利于愈伤组织的大量形成和伤口愈合。

插好接穗后，用一长40厘米，宽3～4厘米的塑料条将伤口由砧木至接穗一圈压一圈进行绑扎固定并露出接穗。绑扎后外面再套一塑料袋保护，防止水分蒸发，影响成活。若是低接，也可埋土保湿，当嫁接成活，新梢生长后，再解除绑缚物。

(2)切接　适于较小的砧木。切接时一般在近地面5～6厘米处剪断砧木并削平切面，然后从一侧带木质部垂直切下，深约3厘米。接穗留2～3个芽，在下端斜削1刀，长2～3厘米，削掉1/3的木质部，在其背侧末端再斜削1刀成一小斜面，长约1厘米。削好接穗后将大切面向里插入砧木切口，使接穗长斜面两边的形成层与砧木切口两边的形成层对准、靠紧，而后用塑料条捆扎包紧。

切接与劈接的不同之处在于，短截后砧木截面上的接口不位于截面的中央而位于一侧，接穗下部两侧的削面一大一小。

(3)合接　合接是将砧木与接穗的切口面贴合在一起的嫁接方法。先将砧木在适宜的部位剪断，而后削一个马耳形的斜面，长2～3厘米。接穗也削1个同样大小但方向相反的马耳形削面，然后将两者的削面靠合在一起。务必使双方形成层对准，而后用塑料条绑紧。成活后必须等愈合牢固才能解除塑料条，以防止折断。

(4)靠接　多用于嫁接不易成活的花木，在花木生长期间随时进行。嫁接时，需先将砧木与接穗移植在一起，或将其中之一预先栽到盆中，以使两者靠近，并选两者粗细相近的枝条进行。在接合处，将砧木和接穗各削一个伤口，大小基本相等，伤口长2～3厘米，深达木质部，使双方形成层密接，最后用塑料条绑紧，待愈合后剪去砧木的上部和接穗的下部，即成一新株。

(5)芽接　芽接是以芽为接穗，嫁接在砧木上，一般于7～8月份生长季节进行，多采用“T”字形芽接(或称盾芽接)。

砧木在离地4～5厘米处嫁接，选光滑无疤的部位，在树皮上

切一个“T”字形口，横刀口宽约为砧木粗度的一半，纵刀口长约2厘米，深达木质部。接穗宜选当年生枝条中段饱满的芽，用芽接刀由上而下顺序取下盾形芽片。取芽时，先剪除叶片，留有长约1厘米的叶柄，在芽上0.5厘米处横切1刀，再在芽下1厘米处深入木质部向上削至横切处，两刀取下芽片，不宜过多附有木质部。芽片长约1.5厘米，宽近1厘米，叶柄处于芽片的中间。取下芽片放入切口，向下插入，使芽片上边与“T”字形切口的横切口对齐，然后用1.5厘米宽的塑料条由下而上把伤口全部包严，或只露出芽和叶柄。经10天左右，若叶柄一触即落，说明已成活，至翌年春天萌发。若叶柄不落，芽已萎蔫，则嫁接失败，需重新嫁接。

（五）组织培养

组织培养是指在无菌条件下利用人工培养基对植物的器官、组织、细胞以及原生质体的培养，使其生长发育形成完整植株的过程。其培养物称外植体，形成的苗称试管苗。组织培养的原理是植物细胞具有全能性，其全能性在一定条件下得到表达，细胞分裂再分化的结果。组织培养可用较少的材料在短期内繁殖出大量的植株，是进行植物快速繁殖，培养无病毒壮苗的好方法，是目前最先进的植物繁殖技术。其特点是繁殖速度快，后代不变异，每年可以千百万倍的速度繁殖其后代，比常规繁殖方法快万倍至数十万倍。有人计算，一个苹果茎尖1年可繁殖出1000亿个小苗。这种繁殖方法在我国近年来发展较快，许多科研单位和生产单位先后建立起了组织培养室，并工厂化生产出了大量高质量的名贵花卉的苗木，满足了市场的需要。

第四章 露地花卉的栽培与管理

一、土壤的选择

土壤是花卉生长的基质。多数花卉适宜疏松、肥沃、排水良好的中性或偏酸性的土壤。土壤含有矿物质、水分、空气和有机质。花卉的根固着在土壤中，由土壤提供给花卉生长所必须的水分和营养，土壤的热量、通气状况与酸碱度也对花卉的生长产生重要的影响。

土壤因素包括深度、肥沃度、质地与构造等，均会影响到花卉根系的生长与分布。理想的土壤应具有良好的团粒结构和丰富的、比例适当的营养元素，具有一定的空隙以利于通气和排水，持水与保肥能力强，还具有花卉生长适宜的pH值，不含杂草、有害生物以及其他有害物质。

理想的土壤是很少的，因此在种植花卉之前，应对土壤的成分、结构、养分及pH值进行检测，为栽培花卉提供可靠的依据。砂壤土是较好的栽培土，沙土和黏土可通过加入有机质或沙土进行改良。可加入的有机质包括堆肥、厩肥、锯末、腐叶、泥炭等。

土壤的pH值对花卉的生长有较大影响，如必需营养元素的可给性、土壤微生物的活动、根部吸水吸肥的能力以及有毒物质对根部的作用等，都与土壤的pH值有关。多数花卉适宜中性或微酸性土，即pH值在6～7之间。特别喜酸性土的花卉如杜鹃、兰花、观赏凤梨，山茶、八仙花、蕨类等要求pH值为4.5～5.5。偏碱可加入适量的硫黄或硫酸亚铁，过酸可加入适量的石灰进行调整。

二、整地做畦

播种或移植前须先进行整地，即对土地进行翻耕、耧耙。整地可以改善土壤的物理性质，使土壤疏松透气，促进土壤风化和微生物的活动，有利于保持水分和可溶性养分含量的增加，有利于种子顺利发芽和根系的发育。整地可以将病菌、害虫暴露于空气中加以杀灭。秋耕最为有利，至春季再进行整地做畦。

整地深度，根据花卉种类及土壤情况而定。1～2年生花卉宜浅，深20～30厘米；球根及木本花卉宜深，因其根系发达，需深耕30～40厘米。沙土宜深，黏土宜浅。整地应先翻起土壤，细碎土块，清除杂质，耧耙镇压。做畦是为了便于灌溉和管理。做畦方式因地区、地势不同而异，多雨地区或低湿之处多做高畦，干旱地区多做低畦。高畦畦面高出四周地面，两侧应有排水沟；低畦畦面低于地面，两侧应有畦埂，以便于保留雨水和灌溉。畦面宽1～2米，畦面要平整，顺水，以便于排水和灌溉。

三、繁殖育苗

露地花卉通常采用播种、分株、扦插或嫁接来繁殖育苗。草本花卉多用播种育苗，球根花卉多分株繁殖，而多年生木本花卉多为扦插或嫁接繁殖(详见花卉的繁殖部分)。

四、移植

露地花卉除少数不宜移植而进行直播外(如虞美人),大部分种类是先在苗床育苗，经1～2次移植(又称分苗)后定植于花坛或花境中。通过移植可以扩大株距，使幼苗获得足够的营养、光照和

空气，使之生长健壮。同时，移植可切断主根，促使侧根发生，形成发达的根系，并可形成浅根系，以利于再次移植。移植还有抑制幼苗徒长的效果。

移植时间一般在真叶生长4～5片时进行，以在水分蒸发量小的无风的阴天或晴天的傍晚移植为好。移植包括起苗和栽植两个步骤。幼苗移栽后不再移植的称定植，还需再次移植的则称假植。移植方法可分裸根移植和带土坨移植。前者用于小苗和容易成活的大苗，后者适用于大苗和不易成活的种类。移植后需及时灌水缓苗。若光照强、蒸发量大时，还需遮光、喷水，以避免花苗萎蔫。

对于大株苗木的移植，宜在萌芽前的休眠期内进行。常绿树应带土坨，并剪去部分枝叶，以减少蒸腾面积，保持水分的供需平衡，以利于成活。

五、灌溉

花卉的生长需要大量水分，一旦缺水即影响其生长发育，严重缺水可导致死亡。俗话说：“栽花种树活不活在于水，长不长在于肥”，可见水对花卉的重要性。花卉所需的水分，主要是根系自土壤中吸收，但空气中的水分状况(湿度)对花卉的生长发育也有很大的影响。由于天然降雨不能满足花卉生长的需要，因此必须实行灌溉。常用的灌溉方式有地面灌溉(漫灌)和喷灌两种。前者是通过汲水经水管引入畦面，灌水充足，但易使土面板结，并引起肥料淋溶和流失；后者是通过喷头形成细小水滴进行喷洒，省工省水，既可增加空气湿度，又可保水保肥，效果较好。现在也有用滴灌的，但成本较高。

浇水时机和浇水量要根据花卉的需水量和土壤含水量确定。浇水要间干间湿。如过湿，根系的呼吸受阻，日久则发生涝害，根系腐烂，植株死亡；反之，土壤过干，则花卉不能吸收足够的水分，

甚至使根尖细胞发生反渗透而脱水，并导致植株萎蔫死亡。一般土壤含水量以保持在20%～60%为宜。对于1～2年生花卉，灌水渗入土层的深度应达30～35厘米，草坪应达30厘米，一般灌木达45厘米。

水质也影响着花卉的生长，以微酸性至中性，电导度低的软水为宜。对盐碱度大的水要进行过滤并酸化处理，使其pH值为6～7。另外，自来水还应事先贮存晾晒，使其中消毒用的氯气散发掉，并使水温提高，减少与土壤的温差，提高根系的吸水能力。

六、施肥

花卉在生长发育过程中不断地从土壤中吸收氮、磷、钾、钙、镁、硫、铁、锌、铜、硼、钼、锰、氯等元素作为营养。尽管花卉对各种营养元素需要量差别很大，但每种元素都有自己独特的生理作用，既不可缺少，又不可互相代替。一旦缺乏某种元素，花卉的生理功能就会出现障碍，生长异常。由于土壤中的营养元素不能长期满足花卉的需要，因此需通过人工施肥加以补充。

(一)施肥时期和施肥量

施肥要适时适量，要在花卉需肥或是表现缺肥时进行。植物养分的分配首先是满足生命活动最旺盛的器官，一般生长最快以及器官形成时，是需肥量最多的时期。春天施用以氮为主的肥料，以促进枝、叶生长；夏、秋施用以磷为主的肥料，以促进花芽分化与开花结果；初冬施用钾肥，以提高植株抗寒能力。梅雨季节和盛夏要减少肥料施入量，以防止根部腐烂。冬季进入休眠后，则停止施肥。

施肥量因花卉种类、土质以及肥料类型不同而异，宜少量多次，即薄肥勤施，忌浓肥、重肥，以防止造成肥害。一般植株矮小，生长旺盛的可少施；植株高大的可多施。一般情况下，每10平方

米施用复合肥料的数量，1～2年生草本花卉为0.5～1千克；球根花卉为1～1.5千克；花境为1.5～2.5千克；灌木类为1.5～3千克。施肥后应随即进行灌水。在土壤干燥的情况下，还应先灌水再施肥，以利于吸收并防止肥害。

(二)施肥方法

施肥可分为基肥、追肥和根外施肥(或称叶面施肥)3种方式。基肥是在播种或移植前把经发酵的有机肥、过磷酸钙、骨粉等施入土中或穴中，以提高肥力。施入的基肥与栽入的花卉根系间要用土隔开，以防止烧根。追肥是在花卉生长过程中根据需要而追施的肥料，多用速效化肥或经浸泡腐熟发酵的有机肥水。根外施肥是让溶解在水中的肥料通过叶片渗入叶内起作用，肥料用量少，效果好，但要选用优质无机肥料，并且浓度要适当，以免灼伤叶片。一般尿素浓度为0.5%～1%，磷酸二氢钾浓度为0.1%～0.3%，硫酸亚铁浓度为0.2%。叶面施肥要在空气湿度大的阴天或每天早晚进行，使叶面保持较长时间的湿润，才能使肥料渗入叶内。要注意叶片两面喷施均匀。

施肥要注意有机肥与无机肥配合施用，氮、磷、钾配合施用。有机肥与无机肥配合施用，既能改善土壤团粒结构，又能发挥肥料的最大效应。花卉营养生长期需要较多的氮肥，生殖期需要较多的磷肥，但在整个生长发育期中，三要素都是不可缺少的，只有三者按比例配合使用，才能使花卉生长健壮。通常，以观花为主的花卉对三要素要求的比例为4∶3∶2，观果花卉为2∶4∶3，球根花卉为1∶2∶3，观叶花卉为3∶1∶1。

七、病虫害防治

花卉在生长发育过程中，常因有害生物的侵袭或不良环境条件的影响而导致病虫害发生，使花卉生长不良，叶片残缺不全，失

去观赏价值，甚至枯萎、死亡。因此，病虫害的防治是花卉栽培中的一项重要工作。花卉的病虫害大体可分为病害和虫害两大类。病害又分非侵染性病害和侵染性病害两类。前者是因气候条件不良、营养失调等引起的生理障碍，后者是因有害微生物如细菌、真菌、病毒侵染引起的。虫害是指昆虫、螨类和软体动物对花卉的根、茎、叶、花、果实等组织器官的咀嚼、吸食所造成的破坏现象。在防治中应以预防为主，贯彻治早、治小、治了的原则。为此，应创造良好的栽培条件，选择抗病能力强的优良品种，实行合理的栽培管理制度，进行严格的种苗消毒和检疫，做好药剂防治工作，从而尽量减少病虫害的发生。

（一）常见病害及其防治

1．**猝倒病** 又名立枯病。属真菌性病害，危害幼苗，使近地表处茎、根组织死亡，导致植株倒地。可在发病初期喷施50%克菌丹500倍液或75%百菌清800倍液防治。

2．**白粉病** 属真菌性病害。危害花卉的茎叶，在表面形成灰白色真菌层。湿热气候发病严重。发病初期可喷施25%粉锈宁1000倍液或75%甲基托布津800倍液。休眠期可喷施3～5波美度石硫合剂杀灭病菌孢子。

3．**灰霉病** 属温室常见真菌性病害。受害部位腐烂变褐。种植过密，通风不良，湿度过大时发病严重。发病前，可喷施等量式波尔多液保护；发病后可用80%代森锰锌500倍液或75%百菌清500倍液，每10天喷1次，连喷3次。

4．**锈病** 属真菌性病害。因其能产生红褐色或黄褐色深浅不同的锈孢子堆而得名。病灶呈红褐色斑点状，发病初期喷施粉锈宁1000倍液或65%代森锌500～600倍液，每10天喷施1次，连喷3次。对多年生寄主可在发芽前喷施3～5波美度石硫合剂，以铲除病原。

5．**炭疽病** 属真菌性病害。病斑呈圆形，椭圆形或条状，中

央产生明显的轮生小黑点，并分泌各种颜色的黏液。在高温多湿季节，发病严重。发病前可喷施等量式波尔多液保护，发病后喷施多菌灵、百菌清、70% 托布津 500 倍液防治。

6. **软腐病** 属细菌性病害。它使活细胞腐解，危害多年生花卉的根颈或球根部分，使之腐烂。可用链霉素 1 000 倍液灌根。

7. **黄化病** 属于生理障碍。受害植株的新枝、叶失绿黄化。病因很多，一般是由于土壤中营养元素如氮素不足，或因土壤碱化影响喜酸花卉对亚铁离子的吸收，或因根系发育不良等。应对症施治。对于喜酸花卉一般可在叶面喷施 0.1%～0.2% 的硫酸亚铁溶液。

（二）常见害虫及其防治

1. **蚜虫** 该虫种类多，分布广。因其能分泌蜜露，又称蜜虫。其体形小，繁殖量大，每年发生 10～30 代。几十只至上百只群聚在枝顶、嫩叶或花蕾上，以口器刺吸花卉体内汁液，引起花卉生长畸形，造成枝叶皱缩、卷曲，并诱发煤烟病、传播病毒病，危害较大。可喷施 3% 除虫菊酯 2 000 倍液，或 4% 硫酸烟精 1 000 倍液，或 40% 氧化乐果 800～1 000 倍液。

2. **介壳虫** 又名蚧虫，种类多，介壳都被蜡质。若虫吸食花木汁液，排泄蜜露。介壳虫抗药力强，在孵化期喷施药剂是防治介壳虫的关键时期，可喷施 25% 西维因 200 倍液，或 40% 氧化乐果 1 000 倍液，或 20% 杀灭菊酯 1 500 倍液，每隔 10 天喷施 1 次，连喷 3 次。也可根施 3% 呋喃丹颗粒剂。成虫可用竹片或牙刷刮除。

3. **红蜘蛛** 又名朱砂叶螨。是一种螨类，体形微小，形如蜘蛛，橘黄色或红褐色，为害多种花卉，寄生在叶片背面并结成丝网，利用口器刺吸花卉汁液，高温干旱条件下危害严重。可喷施 40% 三氯杀螨醇 1 000 倍液，或 40% 氧化乐果 1 000 倍液，或 50% 敌敌畏乳剂 1 500 倍液。

4. 粉虱　又叫飞虱。体形小，有翅会飞。其成虫、幼虫群集叶背面刺吸花卉汁液，为害多种花卉。可喷洒20%杀灭菊酯、10%吡虫啉或40%氧化乐果1000倍液，尤其注意喷洒叶背面，每7～10天喷洒1次，连喷3次。

5. 夜蛾　因其昼伏夜出而得名。种类较多，1年发生多代，繁殖能力很强，为害严重。幼虫群集叶背咬食叶肉，可人工捕捉幼虫。发现初孵幼虫，应及时喷洒50%辛硫磷或敌敌畏800～1000倍液防治。

6. 蚱蜢　又称负蝗。主要为害草本花卉。初龄若虫群集为害，取食上表皮叶肉，稍大即分散，能将受害植株叶面吃光。1年发生两代。可喷洒50%辛硫磷、久效磷、杀螟松1000倍液防治。

7. 蛴螬　为金龟子类幼虫，乳白色，常呈"C"字形蜷曲。食害幼苗根及根茎部，受害严重时使植物枯萎死亡。成虫多在5～6月份发生，昼伏夜出，食害枝叶。由于其体形大易被发现，翻耕时应注意捡拾消灭。用50%辛硫磷乳剂或磷胺乳油1000～1500倍液，或敌敌畏乳油500～800倍液灌根。

8. 蝼蛄　成虫黑褐色或黄褐色，喜食刚播下的种子和刚萌发的幼苗，咬食花卉根部，春、秋季为害严重。用1%赛力生药剂与种子按1∶500的比例拌种防治；用90%敌百虫30倍液拌入麦麸，于傍晚撒在幼苗基部诱杀；用50%辛硫磷1000倍液泼浇根际土面杀灭之。

八、中耕除草

中耕是在花卉生长期间疏松植株根际土壤的工作，通过中耕可切断土壤表面的毛细管，减少水分蒸发，流通土壤内的空气，促进土壤中养分的分解，以利于根系对水分和营养的吸收利用。雨后或灌溉后土壤板结时，要及时中耕。中耕深度以花卉根系分布

的深浅及生长时期确定，以不伤根为宜，一般深3~5厘米即可。在中耕的同时，除去杂草，以保障花卉的健康生长。除草应在杂草发生之初及早进行，在开花结实前必须除净。对多年生杂草必须将其地下部分全部掘出，否则难于根除。近年来，多施用化学除草剂除草，这种方法可省工、省时，但要注意安全。常用的除草剂有灭生性的，如五氯酚钠、百草枯、草甘膦等，可杀死所有植物；也有选择性的，如2,4-D只杀双子叶植物杂草，对单子叶植物无影响；拿扑净、茅草枯等只对单子叶植物杂草有效，对双子叶植物无影响。应根据花卉类型正确选用除草剂，并根据使用说明配制适宜的浓度，在雨后湿度大或早晚蒸发量小时喷洒，以保证有足够的作用时间。

九、整形与修剪

整形与修剪是花卉栽培与管理工作中的重要一环，它可以创造和维持良好的株形，调节生长与发育以及地上部分与地下部分的比例关系，促进开花结果，从而提高观赏价值。

整形是指设计、整理花卉的骨架和外形，使其造型美观，并通过这一手段调节花卉的生长发育。常见的整形形式有单干式、多干式、丛生式、斜干式、圆头形、圆球形、开心形、圆锥形、分层形、伞形、棚架形、悬崖式等，还有利用框架盘扎成的各种几何形图案或动物等艺术造型。

修剪是对花卉局部枝条的剪截修理措施。可转移顶端优势，重新分配体内营养，有针对性地促进花卉生长与发育。花卉栽培强调“三分种，七分管”，其中修剪就是重要的管理措施之一。通过修剪可调整树势，协调比例，美化树形，增加分枝，提高开花结果量，改善通风透光条件，减少病虫害的发生。在实践中，整形与修剪是相互配合完成的。其具体措施如下。

1．**造型**　根据花卉的生长特性，运用各种手法，利用框架、捆扎、做弯捏形和修剪技术，使植株按预期设计形成各种几何形图案或动物形态，以提高观赏性。

2．**摘心**　又称摘芽或打顶，是指摘除正在生长中的嫩枝顶端生长点，可破坏枝条的顶端优势，促使其下部的几个侧芽萌发成侧枝，增加分枝数量和层次，并使植株矮化，株形丰满圆整，增加开花数量，使开花整齐，并促进枝条生长得更加充实。同时也有抑制生长、推迟开花的作用。因此，摘心具有正树冠、短叶节、密枝叶和丰花果的作用。

3．**疏删**　疏删是指剪除过密枝、重叠枝、徒长枝、细弱枝、病虫枝、内膛枝等，以使植株内部通风透光，枝条分布均匀，使养分集中在有效的枝条上，促进生长、开花与结果。

4．**短截**　短截是指剪短大部分枝条，转移生长中心，促进其萌发侧枝，更新复壮花枝，并保持一定的树姿。同时，须对花卉的开花习性有所了解，对在当年生新枝上开花的花木如叶子花、扶桑、倒挂金钟等，可于早春对枝条进行重剪，以促发大量新枝，增加开花量，并降低新枝的起点。对老枝开花的花木如碧桃、山茶等，因其花芽在前一年形成，如在早春短截，势必将花芽剪掉，故应在花后短剪花枝，以使其及早萌发更多侧枝，为翌年开花做准备。修剪时，要注意剪口芽的方向，剪口芽的方向将是新枝的延伸方向，剪口位置应在芽的上方1厘米处，不宜过高或过低，剪切口要平滑。

5．**摘叶、摘花与疏果**　摘叶是摘除老化、病虫危害、内膛不见光而徒耗养分、影响花芽光照及掩盖花果的叶片，以及生长不良、不对称的叶片，以提高观赏性。

摘花是摘除残花，如杜鹃开花后，残花久存不落，既不美观，又影响嫩芽及嫩枝叶的生长，需及时摘除。有些花卉如月季花后易结果消耗大量营养而影响再次开花，也需及时摘除。

疏果是疏除过多或无观赏价值的果实，使养分集中供应保留果以提高质量，并防止因营养过于分散而落果。

6．剥芽与剥蕾　剥芽是将枝条上部发生的幼小侧芽于基部剥除。其目的是减少过多的侧枝，以免阻碍通风透光，养分分散，使留下的枝条生长茁壮，并提高开花质量。

剥蕾，是在花蕾形成后，为保证主蕾开花的营养与质量而剥除侧蕾，使营养集中供应主蕾，使之花大色艳，如菊花需剥除大量侧蕾。

7．支缚　有些藤本花卉和茎干柔软易于弯曲或倒伏的花卉如绿萝、蟹爪兰等或茎干细长质脆易被花果压折的花卉如菊花、香石竹等需设立支架给予支撑和捆扎。支撑材料可用细竹竿、细树枝或硬钢丝，用棕线、麻皮或绿色尼龙绳绑扎。根据植株大小或生长特性，可在花盆中央设立1根支柱，也可在花盆四周设立3～4根支柱，其上固定1～3个铁丝圈或竹签圈，使枝叶均匀地分布其上。

8．矮化　为使植株粗壮矮化，株形紧凑美观，并增加分枝，多开花，可喷施生长抑制剂如矮壮素、比久、多效唑等，可使菊花、一品红、瓜叶菊、一串红、天竺葵等生长势较强的花卉矮化，并增加侧枝，使株形丰满浑圆，以提高观赏价值。其用量为200～500毫克／千克，根据生长情况叶面喷施1～3次。

十、防寒越冬

在我国北方的严寒季节，对露地栽培的2年生花卉及不耐寒的多年生花卉需进行保护越冬，以防止冻害或寒害。常采用以下防寒方法。

(一)覆盖法

在霜冻到来之前，在畦面上覆盖麦秸、落叶、马粪及草席，直到

晚霜过后再将畦面清理，为了更好地防寒，并创造有利于生长发育的小气候条件，也可覆盖塑料薄膜，以防止低温和霜害。

(二)灌 水 法

冬季到来前浇灌防冻水，可降低寒害。水的热容量比土壤和空气的热容量大得多，灌水后土壤的导热能力提高，深层土壤的热量易于传导上来，因而可以提高近地表空气的温度，同时还可提高空气的含水量，当空气中的蒸汽凝结成水滴时，则放出潜热提高气温。

(三)培 土 法

冬季地上部分全部休眠的宿根花卉及球根花卉，培土防寒效果较好。待春季到来后，在花卉发芽前再把培土耙去。对某些宿根及球根花卉也可将地下部分掘出放室内贮藏越冬，如美人蕉、大丽菊等。

另外，还可采取设立风障、对木本花卉茎干包扎绑缚防寒物或涂白等措施防寒。

第五章 盆栽花卉的栽培与管理

盆栽花卉是花卉栽培的主要方式之一，便于控制各种环境条件，有利于花卉的促控栽培，还便于搬移、陈设和摆放。

一、花 盆

花盆是温室花卉栽培的重要容器，多为圆筒形，一般底部都留有排水孔。花盆既要适于花卉的生长，又要轻便美观，便于陈列。通常按花盆的质地、大小及专用目的分成多种类型。常见的有以下6种类型。

(一)素 烧 盆

又称瓦盆，用黏土烧制而成，有红盆和灰盆两种，底部中央留有排水孔。此类花盆通气透水，适于花卉生长，且价格低廉，使用普遍。其口径大小在6~40厘米之间。一般口径与盆高相等，也有较深的，称为筒子盆，用来栽培根系发达的花卉，如君子兰、鹤望兰、菊花等。

(二)陶 瓷 盆

这种盆是在素陶盆外加一层彩釉，为上釉盆，常有彩色绘画。外形光亮美观，质地细腻，但盆壁水分、空气流通不良，不利于花卉的生长，一般多作套盆或短期观赏用。可将花卉栽植于瓦盆内，然后再套入大号的陶瓷盆内，陶瓷盆除圆形外，还有方形、菱形、六角形等。

(三)木盆或木桶

素烧盆过大时容易破碎，因此当需要用口径在40厘米以上的容器时，则采用木盆或木桶。外形仍以圆形为主，两侧设有把手，

上大下小，盆底有短脚，以免腐烂，材料宜选用坚硬又耐腐的红松、杉木、柏木等，外面刷以油漆，内侧涂以环烷酸铜防腐。木盆或木桶多用于大型建筑物前、广场或会堂的装饰，栽培大型花卉，如苏铁、南洋杉、棕竹等。

(四)紫 砂 盆

形式多样，造型美观，透气性稍差，多用来栽植树桩盆景。

(五)塑 料 盆

质轻而坚固耐用，形状各异，色彩多样，装饰性极强，是国外大规模花卉生产常用的容器，但其排水、透气性较差，应注意培养土的物理性质，使之疏松透气。在育苗阶段，常用小型软质塑料盆，底部及四周留有大孔，使植株的根可以穿出，倒盆时直接置于大盆中即可。

(六)纸　盒

供培养不耐移植的花卉的幼苗之用，可先在温室内纸盒中进行育苗，根据需要直接定植。

二、培养土及其配制

由于花盆容积有限，花卉的根系只能局限于盆土中。因此，对盆土要求较严。花卉种类繁多，由于它们各自原产地的土壤条件不同，长期适应的结果，对土壤的要求差异很大。但一般均要求具备良好的团粒结构，疏松透气，营养丰富肥沃，排水和保水性能良好，富含腐殖质，酸碱度中性或微酸性。一般可由多种原料配合而成。

(一)配制培养土的条件

配制的营养土必须具备以下的条件：①养分充足，含有丰富的氮、磷、钾等元素，可满足花卉生长、发育、开花、结果的需要。②富含腐殖质，能改善土壤的团粒结构，保肥保水性能好。③排水透

气性好，有利于根系的发展和呼吸，不因积水而窒息。④土质疏松，不开裂，不板结，根系能得到充分的发育，有利于对水、肥的吸收。⑤土壤酸碱度适宜，无有害物质，无病虫危害。

(二)配制培养土常用的原料

1. **园土**　取自菜园或种过豆科农作物的表层砂壤土。具良好的团粒结构，含有一定的腐殖质，具有较高的肥力，是配制培养土的主要原料之一。由于黏度和密度较大，一般不能单独使用，需要掺入三分之一的河沙和适量腐熟的有机肥作培养土。

2. **泥炭土**　泥炭土是由古代的泥炭藓、芦苇等水生植物腐烂、炭化、沉积而成的草甸土，呈褐色至黑色，质地松软，透水、通气及保水性能良好。可使盆土保持良好的团粒结构，呈酸性反应，可用来栽培酸性土花卉，但没有肥力，需加入一定量的有机或无机肥料。

3. **松针土**　在山区松林的地表有多年集聚的一层由松树的枯枝落叶风化而成的松针土。它们呈灰褐色粉状，既有一定肥力，又具有良好的通气透水性能，呈强酸性反应，是北方配制酸性培养土的重要原料，少量使用时可收集园林针叶树下面的落叶、土壤及苔藓，经堆积腐熟后过筛使用。

4. **塘泥和山泥**　鱼塘塘底的表土含有大量营养和腐殖质，挖回后整块晒干，然后打成1～1.5厘米直径的小块，可用它们直接上盆来栽植花木，虽经常年浇水，土块也不会松散，花卉的须根还可扎入土块内吸收水分和养分，土块之间的孔隙又利于通气和排水，故多用来栽植多年生盆花。我国华东地区多使用黑山泥做配制培养土的原料，它们含有一定的腐殖质，具有较高的肥力，呈微酸性反应，可栽植喜酸性花卉。

5. **腐叶土**　腐叶土是由落叶、园土、厩肥、人粪尿层层堆积腐熟而成的人工培养土。该土疏松透气，排水保水，富含腐殖质，营养丰富，呈酸性反应，适合多种花卉的生长。可于秋后收集落叶

(以杨树、柳树或松树叶为宜)，也可用锯末或刨花，选择向阳处，先在地面铺一层落叶，厚约30厘米，其上再铺厩肥一层，厚约15厘米，然后再铺园土一层，厚约15厘米，按此顺序和要求堆至1.5~2米高，按体积比洒入人粪尿约30%，前后可分2~3次洒入；每隔数月上下翻拌几次，经1年的腐熟发酵至翌年的秋季即可筛取应用。堆制期间上面加以覆盖物，以防止雨水冲淋。

在配制培养土时，一方面根据当地条件，就地取材，另一方面还要根据各种花卉对土壤的不同要求，选择合适的几种土壤材料，合理地加以混合，以满足盆花生长发育的需要。一般土类、腐殖质、有机肥、河沙或煤渣按2∶2∶1∶1的比例混合并充分腐熟后过筛备用，也常用腐叶土与河沙按3∶1的比例配制。

(三)土壤的酸碱度及其调节

土壤的酸碱度通常以pH值表示。它直接影响着花卉的正常生长发育。大部分土壤的pH值为4.5~8.5，一般认为pH值为6.5~7.5的土壤为中性土壤；pH值小于6.5的为酸性土壤，大于7.5的为碱性土壤。

土壤的酸碱度可用石蕊试纸来测定。其方法是，在需要测试的盆土中取少量土样，放入洗净的小瓶内，加水适量，以刚漫过土样为宜，充分搅匀，待澄清后即为土壤溶液。取一张石蕊试纸，蘸上土壤溶液，看其变色后马上与试纸盒内的比色板相比较，相同颜色所对应的数值即为该土壤的pH值。

花卉对土壤的酸碱度极为敏感。每种花卉都有各自的最适pH值。若土壤的pH值高于或低于该花卉的适宜pH值时，花卉就生长不良，若相差过大则会死亡。一般花卉都适于中性或偏酸性土壤(pH值为6~7.5)。少数花卉适于偏碱性土壤，如菊花、月季、迎春、仙人掌类花卉等。原产于南方的一些花卉，如兰花、凤梨、栀子、茉莉等喜酸性土壤。

可通过添加酸性材料来降低土壤的pH值，添加碱性材料提

高pH值的方法调节土壤的pH值，以达到花卉所要求的pH值范围，如在中性或偏碱性的土壤中栽培喜酸花卉可通过硫酸亚铁法(以0.2%～0.5%的硫酸亚铁溶液，每半个月浇灌1次，增加亚铁离子，以促进叶绿素的合成、防止黄化)、硫黄粉法(在培养土中加入0.2%的硫黄粉末)、硫酸铵法(追施硫酸铵，供应氮素，又可降低pH值)、橘子皮法(橘子皮用水浸泡腐熟后，即为呈酸性的有机质，约10天浇1次稀释液)调节酸碱度。另外，在浇水时加入几滴米醋，对降低pH值也有效。如果要使酸性土壤偏碱，可使用石灰法，将生石灰加水发热成熟石灰，呈强碱性，不但可改良土壤的酸性，有利于微生物的生长和活动，而且增加钙元素，可提高氮、磷、镁等元素的有效性。常见花卉适宜的pH值如表1。

表1　常见花卉适宜的pH值

花卉种类	适宜pH值	花卉种类	适宜pH值
仙客来	5.5～6.5	仙人掌类	7.0～8.0
铁线蕨	6.0～7.0	天竺葵	6.0～7.5
金鱼草	6.0～7.5	秋海棠	6.0～7.0
花毛茛	6.0～8.0	樱　花	5.5～6.5
蒲苞花	4.6～5.8	山茶花	4.5～6.5
鸡冠花	6.0～7.5	杜鹃花	4.5～6.0
大丽菊	6.0～7.5	橡皮树	5.5～7.0
石　竹	6.0～8.0	菊　花	6.5～7.5
一品红	6.0～7.5	瓜叶菊	6.0～7.5
大岩桐	5.0～6.5	百日菊	5.5～8.0
发财树	6.0～7.0	三色堇	5.5～7.0
巴西木	6.0～7.0	月　季	6.0～7.0
一串红	6.0～7.5	广玉兰	5.0～6.0
旱金莲	5.5～7.5	朱顶红	5.5～6.5

续表1

花卉种类	适宜pH值	花卉种类	适宜pH值
八仙花	4.5~6.0	花叶万年青	5.0~6.0
报春花	5.5~6.5	唐菖蒲	6.0~7.0
福禄考	5.0~6.0	喜林芋	5.0~6.0
矮牵牛	6.0~7.5	鹤望兰	6.0~6.5
芍　药	6.0~7.5	君子兰	5.5~6.5
瑞　香	6.5~7.5	兜　兰	5.5~6.0
荷包牡丹	6.0~7.5	小苍兰	6.0~7.5
栀子花	5.0~6.0	百　合	6.0~7.0
倒挂金钟	5.5~6.5	丝　兰	6.0~8.0
香豌豆	6.0~7.5	郁金香	6.0~7.5
美女樱	6.0~8.0	美人蕉	6.0~7.5
扶　桑	6.0~8.0	蕨　类	4.0~6.0
万寿菊	5.5~7.0	兰　花	4.5~5.0
凤　梨	4.0~4.5	水塔花	4.0~6.0
绿　萝	6.0~7.0	花　烛	5.5~6.5

三、盆栽方法

(一)上　盆

上盆是指将苗木由苗床定植到花盆中的过程。上盆的适宜时间，木本花卉应在休眠时或春天芽刚萌发时；扦插繁殖的花卉，待生根发叶后，应及时分苗上盆；播种的新苗，宜在3~4片真叶时分苗上盆；大多数宿根花卉，应在幼芽刚开始萌动时上盆。

上盆前，应根据苗木大小和生长快慢，选择适当的花盆，注意

不要小苗上大盆。使用新盆需先要用水浸透，旧盆要刷洗干净。盆底孔要用纱网蒙住，以防害虫或蚯蚓从底孔钻入。纱网上放一块拱形瓦片，根据花卉的耐涝情况，可在盆底铺一层碎石子，碎瓦片等以利于排水。对怕涝的花卉，视花盆大小，可在底部打2～3个排水孔。上覆一层培养土，或加蹄片、饼肥末做基肥。将苗木置于盆中，调整培养土的高度，使花苗位置适宜。注意不要让花苗根系直接接触基肥，以防止烧苗，裸根苗上盆时应把土在盆心堆成小丘，一只手把苗木放正扶直，把须根均匀舒展开，另一只手填土，边填边将苗木微微上提，使根系展开，并把土压实，使根系周围不要留有空隙。一般填土至植株原栽置深度或略深，茎和根为肉质的不可过深。盆的上部要留有水口，便于浇水，水口的深浅以一次浇满水能透到盆底为准。上盆用土要求湿润，即一捏成团，一搓就散。上盆后暂不浇水，天气干燥可叶面喷水保苗，一般应在2天后再浇透水，以防止伤根腐烂并促发新根生长。置避风、阴湿处缓苗3～7天。

(二)翻盆或换盆

翻盆是将盆栽1～3年的花卉换盆或换土的过程。翻盆的原因，一是由于随着花卉不断生长，根系逐渐长大充满盆内土壤，生长受到限制，需由小盆换到大盆中，以扩大根系的营养面积；二是盆中土壤经过花卉较长时间的吸收利用，养分缺乏，物理性质变劣，不利于花卉继续生长，需更换新土。

翻盆时间一般在3～4月份，当芽开始膨大，新芽尚未开展之时进行。如果只为换盆，原土坨可不动，对根和地上部分均无损坏，则翻盆时间不受季节限制，一年四季均可进行。较耐贫瘠的品种，可隔3～4年换盆1次，如果在养护期内发现有下列情况，就该随时翻盆：①当花盆底孔有根长出来，说明盆内根系过大，已容纳不下；②如浇水后盆内积水，难以下渗，说明土壤板结；③植株生长快，冠幅较大，花盆显得较小，有头重脚轻之感；④如发现盆内

有害虫，应该翻盆捕捉；⑤盆土向上隆起，说明根已长满；⑥土质较差，植株生长不良；⑦植株长有分蘖，需要分株。

换盆时先准备好大一号的用盆，如果植株不大，只换土，也可用原盆。换盆前不要浇水，使盆土适当干燥，土坨易于倒出。植株脱盆时，左手分开手指，食指和中指夹住植株的基部，手掌紧贴土面；右手托起盆底翻过来使盆底朝上，右手握拳轻拍盆底或在硬物上轻磕盆边，使土团松动即可脱出，如系大盆，可将盆侧放到木板上，轻敲花盆边部，使土坨松动后用手托出。若土坨倒不出来，可用一木棒从盆底孔插进，将土坨推出。土坨取出后，对小棵花卉可直接换入大盆，四周填土充实即可；宿根花卉及多年生木本花卉要将土坨四周旧土刮去一部分，并用剪刀修去老根、枯根，并可同时分株。换盆后应充分浇水，以使土壤下沉与根系密接，以后只需保持土壤湿润即可，不可浇水过多，以防止根系伤口腐烂。换盆初期应置荫蔽处，以防止过分蒸腾而枯死。

(三)转　盆

在单屋面温室中，由于光线不均匀，长时间放置的盆花由于趋光而有不同程度的偏斜。为使植株生长匀称，应间隔数日将花盆的方向转换90°～180°角，借以矫正花卉的偏斜。

(四)松　盆

即用竹片或小铁耙松动表土，以保证空气通透，这样做既有利于浇水施肥，也可以除去青苔和杂草，并防止表土板结。

四、浇　水

浇水是花卉栽培中的重要管理措施。不同花卉对水的需求量不同，即使是同一种花卉，不同生育期，不同季节需水量也不同。因此，浇水的技术性很强，既要把握浇水时机，又要注意浇水量。盆土浇水，视盆土的干湿情况确定，定期浇水的做法并不科学，一

般要间湿间干，见干浇透。对盆土的干湿判断：一是看。一般盆土表面水分消失，盆土发白、干硬，就应浇水，像瓜叶菊、仙客来等叶子较大的花卉可以观叶，当叶子发蔫，失去生机时，即应浇水。二是摸。用手指捏土，若成粉状，说明盆土已干，需要浇水，若成泥饼，则不必浇水。三是听。用手指或木棒轻敲盆壁，如声音清脆，则盆土已干，应该浇水；若声音沉闷，则盆土尚湿，不必浇水。

浇水量应根据每种花卉的生态习性，并考虑培养土的成分、质地，天气情况，植株大小、生长发育阶段，花盆大小、放置地点等各方面因素而定。一般花卉春季进入发芽生长期，浇水量要逐渐加多，浇水宜在午前进行；夏季进入生长旺盛期，蒸腾作用强，浇水量应充足，宜在早晨和傍晚进行；立秋以后气温渐低，花卉生长缓慢，应当少浇水；冬季气温低，许多花卉进入休眠或半休眠期，要控制浇水，不干不浇，宜在午后进行。

盆栽花卉不仅要做到适时、适量浇水，还要适期、适量喷水，以增加空气湿度，降低气温，洗去枝叶上的尘土。对一些怕热(如仙客来、倒挂金钟、香石竹)和喜阴湿的花卉(如杜鹃、兰花、蕨类植物)需经常向叶面喷水，向环境洒水。喷水多少应依花卉品种和气候条件而定。幼苗、移栽或新上盆的植株要适当多喷些水，因为这些花卉根系吸水能力差，叶面喷水以补充根系吸水的不足。热带兰、天南星科和凤梨科花卉，需要经常喷水。但有些花卉对湿度很敏感，如大岩桐、蒲苞花、毛叶秋海棠、非洲菊等，花、叶落水后易引起腐烂。仙人掌等肉质花卉也不耐高湿，而适宜较干燥的环境条件。

五、施 肥

盆花的生长质量在一定程度上取决于施肥。在上盆或换盆时，在盆底常施以蹄片、骨粉、饼肥等做基肥；在生长期间常施以追

肥。追肥多施用速效化肥、发酵腐熟的饼肥水或矾肥水，矾肥水的配制方法是：硫酸亚铁2千克，豆饼5千克，大粪干10千克，加水200升，放入缸内混合，在日光下暴晒约20天，当全部腐熟变黑后即可施用。每次用其上部清液，随即在缸内补充清水；至肥液稀薄时，再添入新的原料。施肥多在生长期的傍晚进行。

施肥的原则是适时、适量、适当。所谓适时，就是要掌握季节，一般春、夏两季是花卉生长旺盛季节，应勤施肥，高温酷暑暂停或少施。入秋后生长缓慢应少施肥，冬季花卉多处于休眠或半休眠状态，应停止施肥。另外，如果发现花卉的叶色变淡，植株生长细弱，说明缺肥，应及时施肥，以满足花卉生长的需要。所谓适量，即施肥必须是“薄肥勤施，看长势定用量”。薄，是七份水，三份肥；勤，是每隔7~10天施1次；看长势定用量，就是“四多、四少、四不”。“四多”，是黄瘦多施，发芽前多施，孕蕾多施，花后多施；“四少”，是肥壮少施，发芽少施，开花少施，雨季少施；“四不”，是徒长不施，新栽不施，盛暑不施，休眠期不施。忌施浓肥、生肥，以防止烧根。所谓适当，即施肥切忌过量、过浓，否则会导致根细胞失水，致使叶子逐渐焦黄、脱落直至死亡，造成肥害。在苗期，为促使幼苗生长，可多施氮肥；在孕蕾期，为使花艳果大，要多施磷肥。施肥前，要松土，以利于肥水下渗。施肥时间，以在傍晚进行效果最好。施肥后，翌日清晨要浇水，俗称“还水”，以冲淡肥液，使植株易于吸收。

六、花期控制

每种花卉都有各自的自然开花期，用人工的方法使花卉提前或延迟开花，称为花期控制或催延花期。使花卉提前开花称为促成栽培，使花卉延迟开花称为抑制栽培。花期控制可打破花卉的自然开花期，使花卉一年四季均能开花或使不同花卉集中在同一

个时间开放，为节日或其他活动提供定时用花，还能使花均衡生产，解决市场上的旺淡矛盾。

控制植物开花，要根据花卉的生长发育规律及其对外界环境条件的需要进行。植物开花首先要有一定的营养生长期，使植株长到一定阶段，积累足够的营养后，并在一定的外界条件下才能进行花芽的分化。在花的分化过程中，首先是花的诱导，即在一定的外界条件下导致植物开花所必需的一系列生理变化过程，然后才能在此基础上形成花器官。花诱导的两个外界条件是低温和光周期。

一些2年生花卉和一些球根花卉成花受低温的影响较为显著。假如将这些花卉安排在春季而不是秋季播种，由于它们没有经历冬季低温作用，即使生长茂盛，也不能开花，只有经过低温阶段才能开花。像这种低温诱导植物形成花芽的现象叫做春化作用。春化作用一般可在植株生长的任何时期中进行。

植物对白天和黑夜交替的反应叫做光周期现象。光周期对花诱导有着极为显著的影响，不同的植物对于光周期的反应不同，有些花卉必须感受到一定的短日照后才能开花，这类植物称短日照植物，如一品红、菊花、叶子花等，它们要求每天的光照时间要短于一定的时数才能开花，一般要求 8～10 小时。但多数植物只有在较长的日照条件下才能开花，这类植物称为长日照植物。一般春、夏季开花的植物如三色堇、百合、唐菖蒲等属于长日照植物。也有些植物对日照长短不敏感，只要其他生长条件合适，在长日照和短日照条件下均能开花，这类植物称中日照植物，如香石竹、月季、马蹄莲等。

花期的控制有如下 3 种方法。

（一）模拟自然生境法

要想使外地引进的花卉适时开花或改变它们的花期，采用模仿花卉原产地生长发育的温度、湿度、光照等条件栽培管理，大多

数情况下都能获得成功。例如，要让从荷兰引进的夏季开花的唐菖蒲在我国北方冬季开花，就得对唐菖蒲种球进行催芽处理，打破休眠，放在温室内栽培，温度保持在15℃～25℃，相对空气湿度保持60%～80%，每天增加2～3小时的人工光照，经过100～120天的栽培就能开花。

(二)控制花卉的栽培时期

花卉由开始生长至开花需要一定的时间，采用控制播种期、种植期、萌芽期、上盆期常可控制花期。早开始生长的早开花，晚开始生长的晚开花，如四季海棠播种后12～14周开花，万寿菊播种后8～10周开花，瓜叶菊播种后约140天开花。3月种植的唐菖蒲6月开花，7月种植的10月开花，分批种植则分批开花。水仙、风信子在花芽分化后，冬季随开始水养期的迟早而决定其开花的迟早，一般20℃左右的室温约40天开花。

(三)温度处理法

冬季温度低，花卉生长缓慢不开花。这时如果增加温度，可使植株加速生长，提前开花，如瓜叶菊、大岩桐、碧桃等。牡丹、杜鹃在入冬前就已形成花芽，但由于入冬后温度较低而处于休眠状态。若移入温室给予较高的温度(20℃～25℃)，并经常喷雾增加湿度，就能提前开花。自加温至开花的天数，因花卉种类、温度高低及养护方法而不同。温度高、湿度适宜的要快些；反之，要慢些，如牡丹、杜鹃的催花一般需要50～60天。

有些花卉在适合的温度下，有不断地生长、连续开花的习性，但在秋、冬季节气温降低时，就会停止生长和开花，如能在未停止生长前不使其受低温影响，就能不停地生长、不断地开花，如非洲菊、香石竹、美人蕉等。

降低温度可延长休眠期，延迟开花。耐寒花木在早春气温上升之前，趁其还在休眠状态时，将其移入1℃～5℃的冷室中，使之继续休眠而推迟开花。

2年生花卉、宿根花卉，在生长发育过程中需要一个0℃～5℃的低温春化过程才能抽薹开花，如三色堇、虞美人等。秋植球根类花卉需要6℃～9℃的低温才能使花茎伸长，如风信子、郁金香、君子兰等。某些花木需要经过0℃的人为低温，强迫其通过休眠阶段就能开花，如碧桃。

较低的温度能延缓花卉的新陈代谢，延迟开花。这种处理方法大多用在含苞待放或初开的花卉上，如菊花、瓜叶菊、八仙花、唐菖蒲等。处理温度为1℃～5℃。

降温避暑可使不耐高温的花卉开花。一些原产于夏季凉爽地区的花卉，遇到酷暑就停止生长或进入休眠，不再开花，如仙客来、倒挂金钟等，如能在6～9月间降低温度，使其不超过28℃，这些花卉可继续生长，并不停地开花。

(四)光照处理

1．**延长光照时间** 用补加人工光照的方法，使花卉每日连续光照的时间达到12小时以上，可使长日照植物在短日照季节开花，如冬季栽培的唐菖蒲，每天下午4时以后用200瓦的白炽灯在1米左右距离处补加光照3小时以上，同时给予较高的温度，经过100～120天的温室栽培就可开花。

2．**缩短光照时间** 缩短光照时间，可使短日照花卉在长日照季节开花。用不透光的黑色遮光材料对花卉进行处理，以缩短光照时间，延长黑暗时间，可促进开花，如一品红、菊花，使之自下午5时至翌日上午8时处于黑暗中，约50天就能开花。

3．**光暗颠倒以改善夜间开花习性** 适于夜间开花的花卉如昙花在花蕾长约10厘米左右时，白天遮去阳光，晚上照射灯光，使“昼夜”颠倒，则能改变其夜间开花的习性，使之在白天开花，并可延长开花时间。

(五)掌握适宜的修剪期可控制适时开花

月季一般在开花修剪后至下次开花平均需要45天左右时间；

一串红摘心后其分枝约30天左右开花。有些木本花卉在春季开完花后，夏季形成花芽，到翌年春季再开花，如果想让它们当年再次开花，就可以用摘叶的方法，促使花芽萌发、开放，如梅花、碧桃，当花芽长到饱满后进行摘叶，约30天即可开花。

（六）应用生长调节剂促进开花

生长调节剂的作用是多方面的，其中多数种类具有促进开花的作用。矮壮素、比久可促进多种花卉的花芽形成。用0.2%的比久喷施杜鹃、叶子花、碧桃，可促进成花。乙烯利、乙炔对凤梨科的多种植物有促进成花的作用，用0.1%～0.2%的乙烯利、乙炔溶液浇灌成年植株的叶丛中心，可诱导成花。

赤霉素在花期控制上的效果较为明显，不少花卉通过应用赤霉素打破休眠从而达到提早开花的目的。如用500～1000毫克/升赤霉素溶液涂在牡丹、芍药的休眠芽上，几天后芽就萌动，待混合芽展开后，涂在花蕾上，可加强花蕾的生长优势；涂在山茶的花蕾上，可加速花蕾膨大，使之提前开花；涂在君子兰、仙客来、郁金香的花茎上，能使花茎伸出植株之外，有利于观赏。夏季休眠的球根花卉，花芽形成后需要低温使花茎完成伸长准备，赤霉素具有代替低温、促进开花的作用。

第六章　花卉的无土栽培

无土栽培是近几年发展起来的一种实用的高新栽培技术。人们把花卉生长所必需的各种元素配成溶液即营养液，用营养液而不用泥土栽培花卉的技术就叫做无土栽培。用无毒无味、无灰尘、重量轻、能代替土壤物理性质的物质做栽培基质。无土栽培较土壤栽培安全、卫生，无污染，可有效地防止病虫害的发生，并及时供给植物所需要的各种营养元素，有利于提高花卉质量，而且生长快，花期长，花色艳丽，病虫害少，可大大提高观赏效果；同时，生长条件容易控制，生长不受水土限制，到处可种，占地面积小，省时省工，经济效益高。无土栽培能否成功，关键在于基质的选择和营养液的使用。

一、栽培基质

基质是用来代替土壤固定植株的物质，应安全、卫生，不发生化学反应，不污染环境；要轻便美观，便于摆放和搬运；要有足够的强度，以支撑植株；要有适当的结构，以保持良好的根系环境。它既需具有一定的保水保肥能力，又要通气透水性能好，还要具有一定的化学缓冲能力，保持良好的水、气、养分的比例，使根系处于最佳环境状态，最终使花卉生长旺盛，枝繁叶茂，以提高观赏价值。

不同的花卉要求不同的根系环境，不同的基质所能提供的水、气、养分比例不同。因此，要根据花卉根系的生理需要，选择合适的基质。用于花卉无土栽培的基质很多，常根据基质的形态、成分、来源等划分其不同的类型。

(一)无机基质

1. **陶粒** 陶粒是在约800℃温度下烧制而成的，其团粒大小比较均匀的页岩物质，有粉红色或赤色。陶粒内部结构松，孔隙多，类似蜂窝状，重量轻，能浮于水面；保水、排水、透气性能良好，保肥能力适中，化学性质稳定，安全卫生，是一种良好的基质。但由于其团粒间的孔隙大，根系容易风干，不宜种植根系纤细的花卉，可种植具有肉质根或鳞茎类的花卉。

2. **沙** 沙是无土栽培中常用的基质，含水量恒定，不保水保肥，但透气性好，并可提供一定量的钾肥，取材方便，安全卫生，但较重。

3. **蛭石** 蛭石为水合镁铝硅酸盐，是由云母类无机物加热至800℃～1000℃时形成的。它孔隙度大，质量轻，适合多种花卉的栽培。吸水、保水、保肥能力强，透气好，安全卫生，还可提供一定的钾、钙、镁等营养物质。但不宜长期使用，因为其结构易破碎，破碎后孔隙度减小，排水透气能力降低。

4. **珍珠岩** 珍珠岩是由硅质火山岩粉碎加热至约1000℃时膨胀形成的，具密闭的泡状结构，白色，重量很轻。其特点是透气性好，含水量适中，化学性质稳定，其氢离子浓度较高，特别适合栽培喜酸性、具有纤细根系的南方花卉。

5. **岩棉** 岩棉是一种纤维状的矿物质。其孔隙大，吸水力强，水气比例适宜多种花卉生长的需要，且价格低廉，使用方便，安全卫生。因此，是目前用量最多的一种基质，特别适宜种植不需经常更换基质的多年生常绿树种，如五针松、罗汉松等。但岩棉不分解，使用后的处理不易解决。

6. **炉渣** 炉渣取材方便，排水透气，并含多种微量元素，是一种非常廉价的基质，较适合栽培偏酸性、具有肉质根的花卉，如鹤望兰。炉渣与泥炭混合可栽培君子兰。

(二)有机基质

1. 泥炭　泥炭是泥炭藓、苔类和其他水生植物的分解残留体，是无土栽培常用的基质。它吸水、吸肥、透气，呈强酸性，常与珍珠岩、蛭石、沙等混合使用，适宜各种喜酸花卉的栽培。

2. 锯末、树皮、稻壳、松针、刨花　这类基质均可提供良好的水气条件，可做无土栽培基质。松针尤其适合西洋杜鹃、君子兰的栽培。

3. 尿醛(海绵)、酚醛泡沫(泡沫塑料)　这类基质为人工合成的有机物质，尿醛吸水保肥力很强，花卉的根系可以在其蜂窝状的网眼里扎根生长，质量轻，易于搬运。酚醛泡沫不吸水，但排水性能好，可用做栽培床下层的排水材料。

(三)复合基质

为增加基质的孔隙度，改善基质的通透性，提高基质的保水保肥能力，常将2～3种不同的基质混合配制成复合基质，以达到水气最佳比例，如泥炭、蛭石、珍珠岩按2∶1∶1的比例混合，可提高含水量，用做观叶花卉的栽培；泥炭与珍珠岩按1∶2的比例混合，用做根系纤细的花卉的栽培；泥炭与炉渣按1∶1的比例混合，用做巴西木的栽培；泥炭与陶粒按1∶1的比例混合，适于发财树的栽培。

基质的选择应遵循三个原则，即根系的适应性，要满足根系生长发育的需要；实用性，即重量轻，性能良好，安全卫生；经济性，即能就地取材，变废为宝。

二、营养液

无土栽培基质一般都不含营养，必须定期浇灌营养液，为花卉提供营养。因此，营养液是无土栽培的核心，应具备供给花卉正常生长所需要的各种元素，且这些元素应是易被花卉吸收的状态。

营养液内各种元素的种类和浓度因花卉的种类、生长时期而有所不同，在各种情况下，应及时调节营养液中部分元素的含量。营养液的pH值应适应某种花卉的需要。可用0.1摩尔／升盐酸或氢氧化钠溶液加以调整，且每周测定1次。

(一)常用营养液配方

目前世界上有很多营养配方，既有通用的，也有专用的，其中以美国植物营养学家霍格兰(Hoagland)的配方最为有名，使用也最为广泛。以下列举部分配方供参考(表2，表3，表4，表5)。

表2 营养液大量元素配方(一) (克／升)

化合物名称	霍格兰和施奈德	霍格兰和阿农	日本园试配方
硝酸钙	0.59	0.47	0.47
硝酸钾	0.25	0.31	0.41
磷酸二氢钾		0.68	
磷酸二氢铵		0.06	0.08
七水硫酸镁	0.35	0.25	0.25

表3 营养液大量元素配方(二) (克／升)

肥料种类	尿　素	磷酸二氢钾	过磷酸钙	硫酸镁
用 量	0.5	1.0	1.0	1.0

表4 营养液微量元素配方(通用) (毫克／升)

化　合　物	用　量
螯合铁	0.30
硫酸亚铁	0.30
三氯化铁	0.30
硼　酸	0.05

续表4

化合物	用量
氯化锰	0.05
硫酸锰	0.05
硫酸锌	0.005
硫酸铜	0.002

表5 某些花卉的专用营养液大量元素配方 （克／升）

化合物	菊花	香石竹	唐菖蒲	月季	金鱼草	观叶花卉
七水硫酸镁	0.78	0.54	0.55	0.64	0.53	0.25
硫酸铵	0.23	0.19	0.16	0.23		
四水硝酸钙	1.68	1.79			1.21	0.50
硝酸铵						0.04
硝酸钾				1.12	0.20	
硝酸钠			0.62		0.41	
硫酸钾	0.62					
硫酸钙			0.25	0.32		0.09
氯化钾			0.62			
磷酸一钾	0.51	0.62				
磷酸一钙			0.47	0.46	0.87	
磷酸二氢钾						0.41

注： 螯合铁(Fe-EDTA)的配制方法：将硫酸亚铁5.7克溶于200毫升水中；将乙二胺四乙酸二钠盐7.45克溶于200毫升水中，并加热，趁热将硫酸亚铁溶液倒入其中并不断搅拌，冷却后定容到1000毫升

为了减少贮存营养液容器的体积并减少工作量，一般都先配制成母液，放在阴凉处保存。其中大量元素配制成50倍的母液，微量元素配制成1000倍的母液，两种母液分别贮放，不可混合，

以免引起沉淀。在使用时，根据用量，取一定的母液稀释到水中，即可浇施。

(二)无土栽培方法

把小苗从苗床中起出洗根后，栽植到盛放基质的花盆中，栽后1周内只浇水不浇营养液，缓苗后每周浇施1次营养液，一般20厘米口径的花盆施用200毫升左右，平时只浇清水。

无土栽培除用上述基质栽培外，也可用水培。水培容器可用玻璃罐头瓶，瓶的四周应围上黑色塑料薄膜或涂以黑漆遮光，以利于根系生长并可避免藻类滋生。用泡沫塑料板做瓶盖，中开一孔，将植株插入。瓶内灌注营养液，营养液不能太满，应留有空间，供给根系氧气。根部要浸入营养液中。

(三)换　液

小苗可视情况每1～2周换1次营养液。成株花卉在夏季生长旺盛时宜每周换1次营养液，在非生长旺季可2周换1次营养液。换液时，将旧液倒掉换上新液即可。

(四)换　气

初栽时，每日早晚将瓶盖打开片刻，让根系完全暴露在空气中，这样可增强根系对氧气的吸收，防止根系糜烂。经过一段适应期后，可连续1个多月不换气。

(五)补　水

成株花卉在生长旺季消耗水分较多，因此要经常给瓶内补充水分，以防止营养液变浓甚至干涸，致使花卉死亡。

第七章　家庭花卉主要品种及特征

一、1～2年生草本花卉

1. 报春花 (*Primula Spp*)

【别　名】 樱草。

【特　征】 报春花科多年生草本，常作1～2年栽培。叶基生，形成莲座状叶丛，茎基生，花莛由茎部生出，花单生或形成伞状花序，花萼钟状，花冠漏斗状或高脚碟状，5裂。有红、黄、橙、蓝、紫、白等色，五彩缤纷、鲜艳夺目。花期1～4月，蒴果球状或圆柱状，种子小而多数。

2. 矮牵牛 (*Petunia hybrida*)

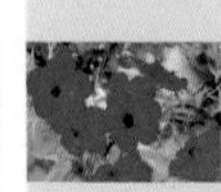

【别　名】 碧冬茄。

【特　征】 茄科2年生或多年生草本。株高15～45厘米，全株被白色粘毛，茎直立或匍匐状，叶形全缘，几乎无柄 。花单生叶腋，花冠漏斗状，花瓣变化多，有单瓣、重瓣，花瓣边缘皱褶或呈波状锯齿等各式变化。花型有大花、小花之分，花色丰富，有纯白、粉红、桃红、紫红、深红、紫、雪青、红白相间、红紫相间以及具有各种条纹等镶嵌间色。花期较长。

长春花

3. 长春花 (*Catharanthus roseus*)

【特　征】夹竹桃科多年生半灌木状草本，多作1年生栽培。株高30～60厘米，茎直立，多分枝。单叶对生，长椭圆形至倒卵形，全缘，叶柄短。主脉白色，明显。聚伞花序顶生或腋生。花玫瑰色，也有白色、黄色品种。花冠高脚碟状，5裂。果圆柱形，直立。种子细小。花期6～11月份。

蒲苞花

4. 蒲苞花 (*Calceolaria herbeohybrida*)

【别　名】荷苞花。

【特　征】玄参科多年生草本，多作1～2年生栽培。全株被细茸毛，叶对生，卵形至卵状椭圆形，呈黄绿色，聚伞花序，花形奇特，花冠二唇形，下唇瓣膨大呈蒲苞状，肾脏形，中间形成空室，上面分布有褐色、紫红色或称红色小斑纹，有红、黄、白等色，非常美丽。花期2～5月，蒴果，种子褐色，极细小。

金
莲
花

5. 金莲花 (*Tropaeolum majus*)

【别　名】旱金莲，旱荷花。

【特　征】金莲花科多年生草本，多作1～2年生栽培。茎蔓生，肉质，叶互生，具长柄，圆形，盾状，似荷叶，边缘有波状钝角。花单生叶腋，花梗细长，花瓣5瓣，绒质，扇形，有黄、红、紫、橙、乳白色及杂色。在花冠基部有一个尾状萼筒，下部急尖，与花梗近乎平行生长。果实矩圆状，成熟时卷曲下垂。盛花期为2～5月。

一
串
红

6. 一串红 (*Salvia splendens*)

【特　征】唇形科多年生草本，常作1～2年生栽培。株高30～60厘米，茎四棱，叶卵形，对生。总状花序顶生，花萼钟状，红色，宿存。花冠唇形，鲜红色，早落。坚果卵形，着生于萼筒基部，熟后浅褐色，易脱落。自然花期8～11月份，果期9～10月份。

另有栽培变种一串白，花冠及花萼均为白色；一串紫，花冠及花萼均为紫色。

金
鱼
草

7. 金鱼草 (*Antirrhinum majus*)

【别　名】 龙头花。

【特　征】 玄参科多年生草本，多作1～2年生栽培。株高30～90厘米，叶被针形，全缘。下部叶对生，上部叶互生。总状花序顶生，长达25厘米以上。花冠唇形，基部膨大成囊状；唇瓣2，上唇2浅裂，下唇平展至浅裂。花色有白、黄、红、紫、橙等色。茎部红色者，花多红色或紫色，茎部绿色者，花各色均有。蒴果卵形，孔裂，种子细小。花期5～6月份，果期6～7月份。茎色与花色有相关性，茎洒红晕者花色为红、紫，茎色绿者为其他花色。

石
竹

8. 石　竹 (*Dianthus chinensis*)

【特　征】 石竹科多年生草本。多作1～2年生栽培。株高20～40厘米，茎节膨大，单叶对生，叶片线状披针形，基部抱茎。花单生或数朵簇生茎顶，有白、红、粉、紫红等色。花瓣5枚，先端有齿裂，喉部有深色斑纹。蒴果，种子扁，黑色。花期5～7月份，果熟期6～8月份。

9. 丝石竹 (*Cypsophila elegans*)

【别　名】 满天星，霞草。

【特　征】 石竹科1～2年生草本。茎直立，叉状分枝，粉绿色。叶宽披针形，稍肉质，对生。花白色或粉红色，有长梗，呈疏松的圆锥状聚伞花序。蒴果球形。花期5～6月份，果期6～7月份。

10. 紫罗兰 (*Matthiola incana*)

【特　征】 十字花科2年生草本。株高30～60厘米，全株被灰色星状柔毛。叶互生，长圆形至倒披针形，顶生总状花序，花瓣4枚，十字形排列，紫红色或深粉红色。花期4～5月份。角果，熟时开裂。

含羞草

11. 含羞草 (*Mimosa pudica*)

【特　征】 豆科多年生草本。常作1年生栽培。株高约40厘米，基部木质化，上部蔓生，茎上有刺。羽片2～4枚，掌状排列，触之随即闭合下垂。头状花序，花淡红色。荚果扁形，3～4节，每节含种子1粒，成熟后分离脱落，种子褐色。花期7～8月份，果期8～9月份。

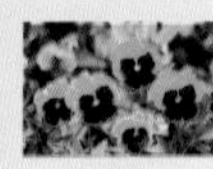

三色堇

12. 三色堇 (*Viola tricola*)

【别　名】 蝴蝶花，猫儿脸。

【特　征】 堇菜科2年生草本。枝条匍匐状生长，单叶互生，托叶大而宿存。花大，腋生，花梗细长。花两侧对称，直径3～6厘米，侧向。花瓣5枚，猫脸状，通常为蓝、黄、白三色。蒴果矩圆形，种子多数。花期4～6月份，果期5～7月份。

13. 福禄考 (*Phlox drummondii*)

【特　征】 花葱科1年生草本。株高15～40厘米。茎直立，多分枝，有腺毛。基部叶对生，上部叶互生。聚伞花序顶生，花冠高脚碟状，裂片5枚，有红色、淡红色、紫色或白色等。蒴果椭圆形或近圆形。花期5～6月份。

14. 鸡冠花 (*Celosia cristata*)

【特　征】 苋科1年生草本。茎高20～150厘米，通常有分枝或茎枝愈合为一。叶互生全缘或有缺刻，长卵形或卵状披针形，有绿、黄绿、红绿及红等色。花序肉质顶生，扁平呈宽扇状或扁球形、肾形等，小花细小，不显著，整个花序有深红、鲜红、橙黄或红黄相间等色。小花两性，花序上部退化呈丝状，中下部呈干膜质状。花被5枚，雄蕊5，基部联合。花期从夏至秋。常见栽培的品种有：①矮鸡冠。植株矮小，高仅15～30厘米。②风尾鸡冠(缨络鸡冠)。金字塔形圆锥花序，花色丰富鲜艳，叶小分枝多。③圆锥鸡冠(风尾球)。花序呈卵圆形，或呈羽绒状，具分枝，不开展，为中高性品种。

凤仙花

15. 凤仙花 (*Impatiens balsamina*)

【别　名】 指甲花，急性子。

【特　征】 凤仙花科1年生草本。高20～80厘米。茎直立，肥厚多汁，光滑，有分枝，浅绿或洒红褐色晕。叶互生，长达15厘米，狭至阔披针形，缘有锯齿，柄两侧具腺体。花单朵或数朵具柄短，生于上部密集叶腋，两侧对称。花径2.5～5厘米，花色有白、黄、粉、紫、深红等色或有斑点。萼片3，特大的一片膨大，中空、向后弯曲为矩。花瓣5，雄蕊5，花丝扁，花柱短，柱头5裂。蒴果尖卵形。

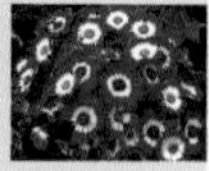

瓜叶菊

16. 瓜叶菊 (*Cineraria cruenta*)

【特　征】 菊科多年生草木。常做1～2年生栽培。植株高矮不一，矮者仅20厘米，高者可达60厘米以上，叶大心形，形似瓜叶，多基生，头状花序排列成伞状或伞房状。舌状花端部与基部不同，即基部白色，上半部分呈别的颜色，或者具有斑纹、斑点等各种颜色（无黄色），瘦果黑色，具冠毛。花期2～5月份。

17. 金盏菊(*Calendula officimalis*)

【别　名】 金盏花。

【特　征】 菊科2年生草本。株高30～50厘米。全株被柔毛，多分枝。下部叶匙形，上部叶长椭圆形至长卵形，抱茎。头状花序单生枝顶，花茎3～5厘米，有重瓣、半重瓣之分。盘边舌状雌花淡黄、金黄至橙红色。开花时舌片水平展开，先端3齿裂。瘦果向内弯曲。花果期3～7月份，在夏凉地区能继续开花。

18. 万寿菊(*Tagetes erecta*)

【别　名】 臭芙蓉。

【特　征】 菊科1年生草本。株高30～90厘米。茎光滑粗壮，绿色或洒棕褐晕。叶对生或互生，长12～15厘米，羽状全裂；裂片具齿，披针形或长圆形，1.5～5厘米长，顶端尖锐，边缘有几个大腺体，全叶有臭味。头状花序单生，黄色至橙色，径5～12厘米，舌状花具长爪，边缘皱曲，花序梗上部膨大。瘦果黑色，有光泽。

19. 雏 菊 (*Bellis perennis*)

【别　名】 延命菊，春菊。

【特　征】 菊科多年生草本。常做1～2年生花卉栽培。株高7～15厘米。叶基部簇生，匙形或倒卵形，边缘具皱齿。头状花序，单生，高出叶面，径3.5～8.0厘米，舌状花多数，线形，白色或淡红色，筒状花黄色。还有单性小花全为筒状花的品种。瘦果种子状扁平。

园艺品种一般花大，重瓣或半重瓣。花有纯白、鲜红、深红、洒金、紫等颜色。有的舌状花呈管状，有的上卷，有的反卷，如管花雏菊、舌花雏菊和斑叶雏菊。

20. 百日菊 (*Zinnia elegans*)

【别　名】 百日草，步步高。

【特　征】 菊科1年生草本。株高15～100厘米，全株被毛，茎直立粗壮。叶对生，全缘，长4～15厘米，披针形、卵形或长椭圆形，基部抱茎。头状花序单生枝顶，径4～15厘米，总苞多层。筒状花黄或橙色，舌状花，有白、黄、粉红、红、紫等除蓝色外的各种色彩，还有黄绿色者。瘦果扁平。

21. 翠 菊 (*Callistephus chinensis*)

【别　名】 江西腊。

【特　征】 菊科1年生或2年生草本。高30～100厘米，茎直立，有纵棱。叶片阔卵形或三角状卵形，叶缘具深而不规则的粗锯齿。头状花序单生，或数个着生枝顶，花径4～5厘米，花色繁多，有蓝、紫、红、白等色。瘦果倒披针形，稍扁，易脱落。花果期8～11月份。

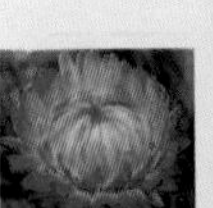

22. 蜡 菊 (*Helichrysum bracteatum*)

【别　名】 麦秆菊。

【特　征】 菊科1～2年生草本。茎粗硬、直立，仅上部分枝，高20～120厘米，叶互生，长圆状披针形，主脉明显。头状花序单生枝顶，总苞片多层，膜质，有光泽，有白、黄、橙、粉、红、紫等色，管状花黄色。瘦果褐色，有光泽。花期7～10月份。

23. 花环菊 (*Dendramthema carinatum*)

【别　名】 三色菊。

【特　征】 菊科1～2年生草本。直立，多分枝，株高30～50厘米。叶数回羽状细裂，裂片线形。头状花序单生枝顶，花瓣内侧与外侧颜色不同，有白、黄、红、紫等色，酷似轮状花环。自春季至夏季花开不断。

二、宿根及球根花卉

1. 芍 药 (*Paeonia　lactifiora*)

【特　征】 毛莨科多年生宿根肉质草本。株高40～70厘米，根粗壮，肉质。下部叶为二回三出复叶，上部叶为三出复叶，小叶狭卵形，披针形或椭圆形。花单生茎顶或叶腋，花大，花径10～20厘米，单瓣或重瓣，雄蕊多数，多瓣化。花色有白、黄、绿、红、紫、紫黑、混合色等多种，有香味。花期4～5个月。蓇葖果2～8枚，离生，呈纺锤形或椭圆形，顶端有喙。种子黑或黑褐色，圆形或长圆形。芍药和牡丹相似，二者的主要区别是：牡丹为木本，木质茎多年生，秋冬叶枯脱落，茎干存活越冬；芍药为草本，秋冬茎叶均枯死，以地下根茎存活越冬。

2. 花毛茛（*Ranunculus asiaticus*）

【别　名】芹菜花。

【特　征】毛茛科多年生球根花卉。块根小，纺锤形，数个簇生于根茎部，株高20～40厘米。基生叶三出，羽状分裂、浅裂或深裂。春季抽生直立地上茎，高30～45厘米，中空。茎生叶无柄，2～3回羽状深裂，花单生枝顶，花期2～5月。萼绿色，花单瓣或重瓣。原种黄色，园艺品种丰富，有朱红、紫红、粉红、橘黄、深黄、淡黄、乳白色及面背异色或带斑纹的各种复色品种。花型上有月季型、牡丹型、菊花型、绣球型等重瓣品种。

3. 睡莲（*Nymphaea tetragona*）

【特　征】睡莲科多年生水生花卉。根状茎粗短，直立或斜出，叶丛生，具细长叶柄，浮于水面，纸质或近革质，心形叶卵形或近圆形，基部有深弯缺。叶面绿色，有光泽，下面紫色。花单生于细长花柄的顶端，多为白色，飘浮水面，另有红花的红睡莲和黄花的黄睡莲等品种。聚合浆果球形，种子多数。花期6～8月份。

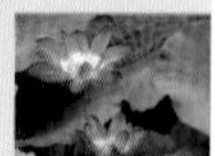

荷花

4. 荷 花 (*Nelumbo nucifera*)

【别　名】 莲花，水芙蓉。

【特　征】 睡莲科多年生水生草本。有横生的肥厚根状茎（藕），节间膨大，节部缢缩，上有黑色鳞片，下生须状不定根。叶大，直径为20～90厘米，圆形，全缘，盾状着生，叶面粉绿色。根据叶子生长先后可依次分为荷钱、浮叶和立叶；叶柄粗状，由藕节生出，外面散生小刺。花单生，两性，花径10～30厘米，花瓣多数，有白色、粉红色或红色。雄蕊多数或瓣化。花谢后花托膨大称莲蓬，每个莲室内生1个坚果（莲子）；花果期6～9月。荷花以其用途可分为藕用莲、籽用莲和观赏莲类。

大岩桐

5. 大岩桐 (*Sinningia hybrida*)

【特　征】 苦苣苔科多年生球根花卉。具肥大的褐色球茎。地上茎短，叶对生，肥厚，长椭圆形或长卵形，密被粗毛；花顶生或腋生，喇叭形，花瓣丝绒状，大而美丽，有紫、红、白、青等颜色和杂色。蒴果成熟时开裂，种子褐色，细小。花期在春季。

6. 菊 花 (*Dendranthema morifolium*)

【别　名】 秋菊。

【特　征】 菊科多年生宿根亚灌木。有3 000多个品种。叶形、花型、花色变化极大。高30～150厘米，茎直立，基部常木质化，上部多分枝。叶卵形至宽卵形，羽状浅裂至深裂。头状花序，顶生，直径3～30厘米，总苞片3～4层，外层绿色，条形；舌状花多层，有白、黄、粉、红、紫红、紫黑、绿等颜色；形态各异，婀娜多姿；管状花多数，黄色。瘦果无冠毛，扁平楔形，褐色。自然花期10～12月份。

7. 大丽菊 (*Dahlia pinnata*)

【别　名】 地瓜花，大丽花。

【特　征】 菊科多年生草本。具肉质肥大而成簇的块根，圆球形、长圆形或纺锤形。新芽只能在根茎部萌发。茎直立，绿色或紫褐色，有分枝，节间中空，茎高50～250厘米。叶对生，1～3回羽状深裂，裂片卵形，头状花序，由中间管状花和外围舌状花组成。管状花两性，多为黄色；舌状花单性，色彩艳丽，有白、黄、粉、橙、红、紫等颜色。花期长，6～10月开放。瘦果长椭圆形，果熟期一般在8～9月。

非洲菊

8. 非洲菊（*Gerbera jamesonii*）

【别　名】扶郎花。

【特　征】菊科多年生常绿草本。具有莲座叶丛，叶长椭圆形或矩圆状匙形，边缘羽状浅裂，叶背被白绒毛，头状花序自叶丛中抽出，花序梗较长，花径10～15厘米；舌状花颜色丰富，有白、粉、黄、橙、红、紫等颜色。如气温适宜可周年开花。

百合花

9. 百合花（*Lilium spp*）

【特　征】百合科多年生鳞茎类花卉。由于种类多，特征不尽相同。鳞茎卵圆形或近球形，鳞片多数，肉质，白色，宽披针形；无鳞茎皮，鳞茎盘基部和地上茎基部簇生须状根。茎直立，圆柱形，常不分枝。叶片披针形或条形。花一至数朵着生于茎顶，花大而美丽，喇叭形，花被片6枚，排成内外2轮，有乳白、橙黄、橙红色及内具紫黑、红褐斑点，大多有芳香。果矩圆形，种子多数，扁平，边缘有膜质翅。自然花期为6月份。

10. 郁金香 (*Tulipa gesneriana*)

【别　名】 洋荷花。

【特　征】 百合科多年生草本。鳞茎圆锥形，皮膜棕褐色或红褐色，内层鳞片乳白色，肉质。茎叶光滑，绿色，有白粉。叶3～4枚，带状披针形至卵状披针形。花单生茎顶，大型，杯状或碗形，口径5～8厘米，花被片6枚，有白、黄、粉红、玫瑰红、紫黑、藕荷等颜色，另有复色条纹、重瓣等品种。在阳光充足的条件下白天盛开，阴雨天及傍晚闭合。单花能连续开放半个月之久。蒴果，种子扁平，外种皮膜质。

11. 风信子 (*Hyacinthus orientalis*)

【别　名】 洋水仙。

【特　征】 百合科多年生宿根草本。地下鳞茎球形，状如鸡蛋大小。叶片肥厚，4～6片，披针形，浓绿色，基生。顶生总状花序，密生小花20～30朵，基部筒状或漏斗状，上部5～6裂，反卷，有红、黄、白、蓝、紫等颜色，有浓郁的芳香味。蒴果，种子黑色，约有10粒。花期3～4月，果期5月。

水仙

12. 水 仙 (*Narcissus tazetta* var. *chinensis*)

【特　征】 石蒜科多年生鳞茎花卉。鳞茎圆球形，由鳞茎盘及肥厚的肉质鳞片组成。它的鳞茎分割后培养的主鳞茎两侧并排长出相连的几个小鳞茎。鳞茎盘上着生芽，着生在鳞茎球中心的称顶芽，着生在两侧的称侧芽，所有的芽都排列在一条直线上。小球一般只有叶芽，大、中球的顶芽为混合芽。鳞茎盘底部生须根3～7层，根圆柱形，白色，细长，不分枝。叶片翠绿色，扁平带状，每芽有4～9枚叶子。花枝由叶丛中抽出，开花的多为5片或4片叶，叶片多的常不开花。每球一般抽花1～7支，多者可达10支以上。伞形花序，有膜质佛焰苞紧包花蕾，通常有花3～11朵，花被片白色，基部联合为筒，裂片6枚，开放时平展如盘。副花冠黄色，浅杯状，雄蕊6枚，雌蕊1枚。一般不结果实。

唐菖蒲

13. 唐菖蒲 (*Gladiolus hybridus*)

【别　名】 菖兰，剑兰，什样锦。

【特　征】 鸢尾科多年生草本。球茎扁圆形，叶基生，先生两片鞘叶，然后生7片左右的基生叶，剑形，互生，排成两列；基生叶的叶鞘部分互相抱合成为植株的假茎，在假茎中心部位抽出花茎，在花茎上着生2～3片茎生叶。穗状花序顶生，每穗着花8～20朵；小花偏于一侧，互生；花穗一般长30～60厘米，花自下而上逐朵开放，每朵小花开放时间1～2天，整个花序可延续开花7～15天。花径10厘米左右，花色有白、粉、黄、橙、红、紫、蓝紫等颜色，深浅不一，或具复色及斑点、条纹。雄蕊3枚，蒴果矩圆形，种子褐色，扁平圆形，外围有种翅。

14. 德国鸢尾 (*Iris germanica*)

【别　名】 蓝蝴蝶。

【特　征】 鸢尾科多年生草本。根状茎匍匐多节，粗壮而肥厚，扁圆形，有环纹。叶片深绿色，剑形，交互排列成两行，4～5月开花，花茎几乎与叶等长。总状花序，有花1～4朵，花较大，蝶形，有蓝紫、紫、黄、白等颜色。花被片6枚，内面中脉上密生黄色的须状附属物，有香气；蒴果长椭圆形。本属常见栽培的还有原产于我国的鸢尾，花小，蓝紫色，花瓣中央有一条鸡冠状白色带紫纹突起。

15. 朱顶红 (*Hippeastrum rittatum*)

【别　名】 对红，并蒂莲。

【特　征】 石蒜科多年生草本花卉。鳞茎球形，鳞茎外被黄褐色或淡绿色的膜质鳞皮，褐色者常开红色或橙红色花；淡绿色者多开白色或白色上具红条纹的花。生长季节，叶片从鳞茎顶部抽生，基出两列，4～8枚，扁平带状，略肉质。一般花茎从鳞茎的侧顶抽出，粗壮，中空；伞形花序，有花2～6枚，花大，漏斗状，花被片6枚，花色有淡红、大红、暗红等颜色及白中带红条、白条纹等。蒴果近球形，种子黑色，具翅。花期3～5月。

16. 大花美人蕉 (*Canna generalis*)

【特　征】 美人蕉科多年生直立草本。株高60～120厘米，根状茎肥大，肉质，横卧，不分枝，叶互生，叶片宽大，长椭圆状披针形，羽状叶脉，有明显鞘状叶柄；总状花序由茎端抽出，花大，密集。花有乳白、黄、橘红、粉红、大红、紫红、洒金等颜色。雄蕊瓣化，颜色鲜艳。蒴果近球形，有小瘤状突起，种子黑色坚硬。花期6～10月，华南地区能四季开花。

17. 香石竹 (*Dianthus caryophyllus*)

【别　名】 康乃馨。

【特　征】 石竹科多年生宿根草本或亚灌木。茎直立，多分枝，高60～100厘米，基部半木质化。整个植株被有白粉，呈灰绿色。叶线状披针形，质厚，上半部向外卷曲，对生；基部抱茎，节膨大。花单生，聚伞状排列。花瓣多数，扇形，雏褶状。花色丰富，有大红、粉红、紫红、黄白等颜色以及复色，芳香。可四季开花。

18. **深波叶补血草** (*Limonium sinuatum*)

【别　名】 勿忘我，情人草。

【特　征】 白花丹科多年生宿根草本。基生叶莲座状，株高40～60厘米。叶缘波状，羽裂。圆锥花序，花茎叉状分枝，有翼，分歧点下有3枚线状披针形附属物。小花穗有花3～5朵，覆瓦状排列。花萼宿存，萼筒漏斗状，有青紫、粉红、白、黄等颜色。花瓣5枚，黄色，基部合生，早落。通常所见花色实为其花萼色彩。花期6～7月。

三、木本花卉

1. **白玉兰** (*Magnolia denudata*)

【别　名】 木兰，玉兰花。

【特　征】 木兰科落叶乔木。株高一般3～5米。树枝开展，冬芽密被灰色绒毛。叶互生，倒卵形。花先叶开放，单生枝顶，向上挺立开放，花大，白色微碧，有时基部带红晕。花径12～15厘米，钟状，芳香，花瓣9片，花丝紫红色，雌蕊淡绿色。聚合蓇葖果，圆柱状。种子鲜红色，熟时黑色。

2. 广玉兰 (*Magnolia grandiflora*)

【别　名】 荷花玉兰，洋玉兰。

【特　征】 木兰科常绿乔木。树干挺直高大，枝叶茂盛。叶子肥厚，革质光亮，椭圆形或倒卵状椭圆形，表面深绿色，背面密被锈色绒毛。花单生枝顶，白色，三重九瓣，状如荷花，清香扑鼻，花径20余厘米。聚合蓇葖果，圆柱形，种子红色，花期5～6月，果熟期9～10月。

3. 牡 丹 (*Paeonia suffruticosa*)

【特　征】 毛茛科落叶小灌木。枝多直生，高1～2米，肉质直根系。二回三出式羽状复叶，顶生小叶先端3裂，表面绿色，被白粉。花大型，单生于当年生枝条顶端，直径10～30厘米。多重瓣，有白、粉、红、黄、紫、墨紫、豆绿等颜色，雄蕊多数，聚合蓇葖果密生短柔毛，种子褐色或黑色。花期4～5月。约400多个品种。

4. 银芽柳 (*Salix leucopithecia*)

【别　名】 银柳。

【特　征】 杨柳科落叶灌木。枝条细长直立，紫红色。单叶互生，长卵圆形或长椭圆形。花芽大而饱满，毛笔头状；芽鳞红褐色，花序银白色。早春先叶开花。

5. 腊 梅 (*Chimonanthus praecox*)

【别　名】 黄梅花，雪里花。

【特　征】 腊梅科落叶灌木，高达3米。枝条丛生，根茎部呈块状。单叶对生，近革质，长椭圆形，叶粗糙。花单生，芳香，花被多层，蜡质，内层紫红色，外层黄色。隆冬腊月叶先开放，花托发育成蒴果状，纺锤形，内含瘦果数枚。

朱缨花

6. 朱缨花 (*Calliandra haematocephala*)

【别　名】美蕊花，红合欢，红绒球。

【特　征】豆科落叶灌木。株高约2米或更高。二回羽状复叶，互生，羽片2至4片，掌状排列，小叶多数，6~12对，线状披针形或歪长卵形，无柄或具短柄，先端短尖。花大红或粉红，着生在半圆形的头状花序或总状花序上，花丝艳红色，聚成红色绒球，单生或数支簇生于叶腋间，具长柄。花期在春夏季，花后结荚果。

梅花

7. 梅 花 (*Prunus mume*)

【特　征】蔷薇科落叶小乔木。高可达10米，常具枝刺，干褐紫色，小枝绿色。叶阔卵形至卵形，长4~10厘米，先端长渐尖或尾尖，边缘具细锯齿。花单生或2~3朵簇生于1年生枝叶腋，多无梗，白色或粉红色，也有红色或紫色品种。单瓣或重瓣，径2~3厘米，芳香；雄蕊多数，核果球形，密被短柔毛，味酸。花期我国西南、华北地区12月至翌年1月，华中地区2~3月，华北地区3~4月。初花至盛花4~7天，至终花15~20天。目前栽培的有300多个品种。

8. 月 季 (*Rosa chinensis*)

【别　名】 月月红。

【特　征】 蔷薇科落叶或半常绿灌木。新枝叶紫红色，有倒钩皮刺；叶互生，奇数羽状复叶，小叶3～5枚，花生枝顶，单生或数朵聚生成伞房花序，花瓣5枚或重瓣。花后花托膨大，即成为蔷薇果。成熟时呈红色、黄色或橙红色。月季花色彩绚丽，有红、粉、紫、黄、橙、白等颜色或复色，婀娜多姿，花香四溢。现有品种已超过7 000多种，但按其枝条着生状况，可分为直立、蔓生、矮生、超微型四大类。

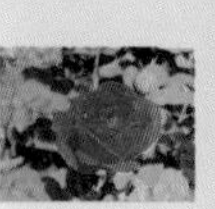

月季

9. 玫 瑰 (*Rosa rugosa*)

【特　征】 蔷薇科落叶丛生小灌木。枝干多刺。奇数羽状复叶，小叶5～9枚，椭圆形，表面多皱纹，托叶大部分与叶柄合生，花单生或数朵聚生枝顶。花瓣玫瑰红色或白色，极芳香。果实扁球形，红色。

玫瑰

火棘

10. 火 棘 (*Pyracantha fortuneana*)

【别　名】 火把果，五代同堂。

【特　征】 蔷薇科常绿灌木。侧枝短刺状；叶倒卵形或倒卵状长圆形，先端钝圆开微凹，边缘有钝锯齿。复伞房花序，有花10～22朵，花直径1厘米，白色。花期4～5月，果期为秋冬。果近球形，直径8～10毫米，呈穗状。每穗有果10～20余个，橘红色至深红色。

贴梗海棠

11. 贴梗海棠 (*Chaenomeles speclosa*)

【别　名】 皱皮木瓜。

【特　征】 蔷薇科落叶小灌木。枝条繁密，有刺。叶卵形至椭圆形，托叶大，肾形或半圆形。花梗极短，花簇生于茎干上，单瓣或重瓣，深红色、绯红色或白色，先叶开放。梨果卵圆形，黄绿色，有香味，花期3～4月。

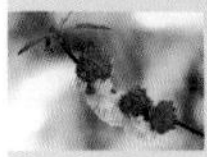

12. 碧 桃 (*Prunus persica*)

【特　征】 蔷薇科落叶小乔木。叶椭圆状披针形，叶柄两侧有腺体。花单生，重瓣，有白、粉、红、绯红、红白混合等颜色，有上千个品种。花期 4 月份，先叶开花或花叶同时开放，多不结果，有的能结小毛桃。

13. 樱 花 (*Prunus spp*)

【特　征】 蔷薇科小乔木。日本樱花树皮暗灰色，平滑。叶倒卵形至卵状椭圆形，先端尾状，边缘具有细锯齿。花 3~5 朵，为短总状花序，单瓣或重瓣，白色至粉红色。核果近球形，黑色。花期 4 月份。常见栽培的还有日本晚樱，树皮较粗糙，花大，重瓣，下垂，粉红至近白色。花期 4 月下旬。

榆叶梅

14. 榆叶梅 (*Prynus triloba*)

【特　征】 蔷薇科落叶灌木。多分枝，枝紫褐色，叶宽椭圆形至倒卵形，先端尖或3裂状，茎部宽楔形，边缘有不等的重锯齿，形似榆叶。花粉红色，常1～2朵生于叶腋，重瓣，花期4月份，先叶开放。核果球形，红色，有毛。

木芙蓉

15. 木芙蓉 (*Hibicus mutabilis*)

【别　名】 芙蓉花。

【特　征】 锦葵科亚热带多年生落叶大灌木。枝上密被星状毛。叶大，广形，3～5裂，裂片三角形，基部心形。花单生于枝端叶腋，早晨初开为白色，中午为粉红色，傍晚则变为深红色。单瓣或重瓣，花形硕大，状如牡丹。花期10～11月份，蒴果扁球形，密被黄色毛。果期12月份。

16. 桂 花 (*Osmanthus fragrans*)

【别　名】 木樨。

【特　征】 木樨科常绿小乔木。单叶，对生，革质，椭圆形，边缘具细锯齿。花簇生，叶腋呈聚伞花序，花冠4深裂，白色或黄色，极芳香。核果椭圆形，熟时紫黑色，果柄细长，簇生叶腋，形似垂铃。常见栽培品种有金桂，花深黄色，香气浓烈，花期仲秋；银桂，花白微黄，香味浓；丹桂，花橙红色，香气较淡；四季桂，花黄色或淡黄色，1年可开花数次，香味淡。

17. 八 仙 花 (*Hydrangea macrophyila*)

【别　名】 绣球。

【特　征】 虎耳草科落叶灌木。树干暗褐色，树皮片状剥落，丛生，株高1～4米，小枝绿色，有明显皮孔，单叶对生，大而稍厚，卵状椭圆形至椭圆形。伞房状花序顶生，由许多不孕花组成球形，直径达到20～30厘米，不孕花由4枚花瓣状萼片组成，色彩多变，初开时为淡绿色，渐转水红色，最后呈蓝色。花期6～7月份。

紫
薇

18. 紫 薇（*Lagerstroemia indica*）

【别　名】百日红，痒痒树。

【特　征】落叶灌木或小乔木，树皮光滑。幼枝4棱，成翅状。叶椭圆形或倒卵形，互生。圆锥花序顶生，长约20厘米；花萼钟状，6裂；花瓣6，边缘皱缩，基部有爪，有红、蓝、紫、粉、白等颜色。蒴果椭圆状球形，内有种子多数。花期6~9月。

四、多年生温室花卉

肾
蕨

1. 肾 蕨 (*Nephrolepis cordifolia*)

【特　征】多年生草本蕨类。根状茎有直立的主轴及从主轴向四周伸出的细长匍匐茎，并从匍匐茎的短枝上长出圆形块茎或在其顶端长出小苗。一回羽状复叶，簇生，孢子囊群生于小叶片背面，囊群肾形。

2. 鸟巢蕨 (*Neottopteris nidus*)

【别　名】 巢蕨。

【特　征】 铁角蕨科多年生常绿附生蕨类，高100～120厘米，根状茎粗短，直立，单叶丛生，呈漏斗状或鸟巢状生于根状茎顶端，叶片带状披针形至倒披针形，长100厘米左右，宽9～15厘米，两面亮绿色。孢子囊群狭条形，生于侧脉上侧，主脉明显，棕褐色，侧脉细密。

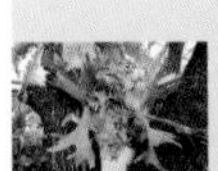

3. 鹿角蕨 (*Platycerium bifarcatum*)

【别　名】 蝙蝠蕨。

【特　征】 鹿角蕨科多年生附生状气生蕨类。株高40～50厘米。叶两型：不育叶茎生，圆肾形，边缘波状，中心部高突，新叶白绿色，老叶深绿色；可育叶丛生，灰绿色，叶面密生短柔毛，二叉分支成鹿角状。孢子囊群棕色，成簇密生于孢子叶背面近分叉的顶端。

苏铁

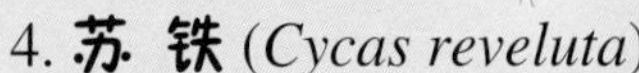

4. 苏 铁 (*Cycas reveluta*)

【别　名】 铁树。

【特　征】 苏铁科常绿棕榈状乔木。茎干圆柱形，暗褐色，由宿存的叶柄基部所包围，直立，不分支；大型羽状复叶簇生茎顶，基部两侧有刺，小叶线形，初生时内卷，成长后硬挺刚直，革质，深绿色，有光泽。花絮顶生，雌雄异株，雄球花长圆柱状，黄色，有许多盾状鳞片集合而成；雌球花半球形，由一丛带有棕褐色茸毛的叶状鳞片组成。种子球形，成熟时朱红色，花期7～8月份，种熟期10月份。

泽米铁

5. 泽米铁 (*Zamia furfuracea*)

【别　名】 南美苏铁。

【特　征】 泽米铁科大型常绿观叶花卉。干高15～30厘米，单干或稀有分枝，茎粗壮，圆柱形，表面被暗褐色叶痕。在多年生的老干基部茎盘处，可由不定芽萌发而长出的幼小萌蘖，称为吸芽。地下为肉质粗壮的须根系，叶为大型偶数羽状复叶，生于茎干顶端，叶长60～120厘米，硬革质，疏生坚硬小刺。羽状小叶7～12对，小叶长椭圆形，两侧不等，基部2/3处全缘，上端密生小钝锯齿。雌雄异株，雄花序松球状，长10～15厘米，雌花序似掌状。

6. 南洋杉 (*Araucaria cunninghamia*)

【特　征】 南洋杉科常绿乔木。主干直立，大枝平展或斜生，侧生小枝柔软下垂，近羽状排列。分层清晰，幼树呈尖塔形，老树则平顶。叶锥形或针形，柔软青翠。球果卵圆形或椭圆形，种子具翅。

7. 西瓜皮椒草 (*Peperomia argyreia*)

【别　名】 豆瓣绿。

【特　征】 胡椒科多年生常绿肉质草木。株高20～25厘米。叶圆形，盾状着生，基部心形，厚而有光泽，半革质，绿色，背面红色。叶长3～5厘米，宽2～4厘米，叶柄红褐色，主脉11条，辐射状，叶面浓绿色，叶脉间有银灰色条斑，状似西瓜的斑纹。花细小，白色。

白兰花

8. 白兰花 (*Michelia alba*)

【特　征】 木兰科常绿小乔木。树皮灰白色，幼枝及芽绿色。单叶互生，薄革质，长椭圆形或披针状椭圆形。花单生于当年生枝的叶腋，白色或略带黄色。花被片12枚，肥厚，芳香。花期6～10月份。

含笑

9. 含 笑 (*Michelia figo*)

【别　名】 香蕉花。

【特　征】 木兰科常绿灌木。多分枝，小枝和叶柄上密被褐色茸毛。叶椭圆形或倒卵状椭圆形，革质，全缘。花单生叶腋，乳黄色，花瓣6枚，肉质，香气浓郁，犹如香蕉气味。聚合蓇葖果，花期4～6月。

10. **叶子花** (*Bougainvillea spectabilis*)

【别　名】 三角花。

【特　征】 紫茉莉科常绿攀援灌木。具腋生曲刺，枝叶密生绒毛，单叶互生，卵状全缘。花生于新梢顶端叶腋，常3朵簇生于3枚较大的苞片内，苞片三角状卵形，大而美丽，形态似叶，鲜艳似花，有红色、砖红色、紫红色或黄色、白色等。花期较长，在温度适合的条件下可常年开花，但以秋末或春季为盛。

11. **橡皮树** (*Ficus slastica*)

【别　名】 印度橡胶树。

【特　征】 桑科常绿灌木或乔木。有乳汁，具气生根，单叶互生，叶片宽大肥厚，革质光亮，长椭圆形或矩圆形，全缘。托叶红色，包被顶芽，早落。隐头花序，北方盆栽多不开花。

龙牙花

12. 龙牙花 (*Erythrina corallodendron*)

【别　名】 象牙红。

【特　征】 豆科落叶灌木。分枝有粗刺。三小叶复叶，小叶菱状卵形。总状花序腋生，花多而密；花萼二唇形；花冠深红色。花期长。

金苞花

13. 金苞花 (*Pachystachys lutea*)

【别　名】 黄虾花。

【特　征】 爵床科半常绿小灌木。高20～70厘米，单叶对生，长卵形，长10～12厘米。顶生穗状花序，苞片心形，长2～3厘米，金黄色，花白色，花冠二唇形。

米
兰

14. 米 兰 (*Aglaia odorate*)

【别　名】 米仔兰。

【特　征】 楝科常绿灌木。分枝稠密。奇数羽状复叶，互生，小叶 3 ～ 7 枚，倒卵形，嫩绿色，有光泽，全缘。圆锥花序腋生，花小而繁密，金黄色，极芳香。

九
里
香

15. 九 里 香 (*Murraya exotica L*)

【别　名】 千里香。

【特　征】 芸香科灌木。奇数羽状复叶互生，互生，小叶3～9枚。叶形变化较大，卵形、匙形倒卵状至菱形，全缘，革质，叶面深绿而有光泽。聚伞花序顶生、侧生或上部枝的叶腋处生，有花数朵，白色，极芳香。花期5～8月份，花后结卵形或球形浆果，冬季成熟，红色。

代代

16. 代 代 (*Citrus aurantium* var.*amara*)

【别　名】 回青橙，玳玳。

【特　征】 芸香科常绿灌木或小乔木。高2～5米，枝上疏生短棘刺，嫩枝有棱角，树皮绿色，有挥发性油腺物。叶互生，革质，椭圆形至卵状椭圆形，脉纹明显，具半透明油点。花单朵或数朵簇生枝端叶腋，花白色，花瓣5枚，具浓香。1年可开花数次，果实扁圆形，成熟时橙黄色，翌年春季由橙黄色转为青绿色，芳香。

佛手

17. 佛 手 (*Citrus medica* var.*sarcodactylis*)

【别　名】 佛手柑。

【特　征】 芸香科常绿灌木或小乔木。高1～4米，枝稍有棱角，小枝绿色。嫩枝带紫红色，由粗硬的短棘刺。单叶互生，长圆状或卵状长圆形，革质。花单生或簇生，有单性花和两性花，花瓣5枚，花有白、红、紫等颜色。果长椭圆形，果皮极厚，顶端分裂如拳或张开如指，成熟时橙黄色，极芳香。每年开花2～3次，果熟期11～12月份。

金橘

18. 金 橘 (*Fortunella margarita*)

【别　名】 金枣，牛奶金柑。

【特　征】 芸香科常绿灌木。多分枝，通常无刺。叶革质，披针形或长圆形，表面深绿光亮，背面散生油腺点，叶柄具狭翼。单花或2～3果簇生于叶腋，花瓣5枚，白色，芳香。果实小，矩圆形或倒卵形，成熟时呈金黄色，皮厚而甜，肉质化，具有许多腺点，有香气，可食。花期6～8月份，果期11～12月份。

变叶木

19. 变叶木 (*Codiaeum variegarun* var.*pictum*)

【别　名】 洒金榕。

【特　征】 大戟科常绿灌木。株高1～2米，具乳汁。单叶互生，厚革质，叶片形状和颜色变异很大，由线性至椭圆形，全缘或分裂，扁平、波状或螺状扭曲；绿色杂以黄、白、红、紫等色斑点或斑纹。总状花序单生，或2个合生在上部叶腋。

一品红

20. 一品红 (*Euphorbia pulcherrima*)

【别　名】圣诞花。

【特　征】大戟科多年生直立灌木。有乳汁。嫩枝绿色，老枝淡棕色，单叶互生，卵状椭圆形，具浅裂。叶柄浅红色。花序顶生，花小，黄色。花序下方轮生叶状苞片，披针形或倒卵形，猩红色，也有白色、黄色或粉红色品种，花期11月份至翌年4月份。

虎刺梅

21. 虎刺梅 (*Euphorbia mili*)

【别　名】铁海棠。

【特　征】大戟科多刺攀援小灌木。有乳汁。其叶通常着生在嫩茎上，倒卵形或矩圆状匙形，二歧聚伞状花序，总苞片鲜红色，阔卵形或肾形，花期较长，可长年开花。另有大花虎刺梅，枝条直立，花大。

22. 金刚纂 (*Euphorbia antiquorum*)

【别　名】霸王鞭。

【特　征】大戟科直立灌木。有白色乳汁，茎肉质，柱状，并有3～6条钝棱。叶肉质，倒卵形或匙形，托叶刺状，成对宿存。杯状聚伞花序，3个簇生或单生。总花梗粗短。总苞黄色。

23. 麒麟角冠 (*Euphorbia neriifolia* var.*cristata*)

【别　名】玉麒麟。

【特　征】大戟科常绿多分枝灌木。有白色乳汁。茎常扁化成鸡冠状，绿色，肉质，有条棱，棱上生硬刺。叶稍肉质，密生于分枝的上部，倒披针形至倒卵形，杯状聚伞花序，春季开花，北方栽植多不开花，常见栽培的还有其原变种：麒麟角，分枝圆柱形，略扁；变种三角麒麟 (龙骨)，茎三棱形，并有白色斑纹；火麒麟，扇形，红色，须嫁接生长。

24. 杧 果 (*Mangifera indica*)

【特　征】常绿乔木。叶聚生于枝顶，单叶互生，革质，披针形或椭圆状披针形，长15～20厘米，深绿色，幼时紫红色。圆锥花序顶生或腋生。花杂性，芳香。春季开花，果夏秋成熟。核果较大，熟时橙黄色至粉红色，有香气。

25. 发财树 (*Pachira macrocarpa*)

【别　名】巴拉马栗。

【特　征】木棉科常绿乔木。主干直立，基部肥大呈瓶状。掌状复叶聚生枝顶，小叶4～7枚，长椭圆形，半革质，亮绿色；叶柄较长，叶片平展。花期7～8月份，北方栽培多不开花。

26. 秋海棠 (*Bagonia semperflorens*)

【别　名】 玻璃翠。

【特　征】 秋海棠科多年生常绿草木，属须根类秋海棠。茎直立，多分枝，稍肉质。单叶互生，卵形至广卵圆形，茎部偏斜，叶片表面绿色，有细刺毛，叶片背面及叶柄呈紫红色。伞形花序腋生，雌花单生，有红、粉、白等颜色。果具翅，种子细小。如温度适宜，可四季开花。

27. 球根秋海棠 (*Begonia tuberhybrida*)

【特　征】 秋海棠科多年生球根花卉。块茎呈不规则的扁球形，褐色。株高约30厘米。叶片呈不规则的心形，基部偏斜，叶面深绿色。腋生聚伞花序，花大而美丽，花色丰富。

28. 长寿花（*Kalanchoe blossfeldiana*）

【别　名】矮生伽蓝菜，圣诞伽蓝菜，寿星花。

【特　征】景天科多年生常绿多浆植物。茎直立，株高10～30厘米；单叶肉质，交互对生，叶椭圆状，长圆形，高性品种叶较大，短性品种叶小而致密。叶缘有钝齿，深绿色，有光泽，在低温时常呈红色。圆锥状聚伞花序，有鲜红、橙红、桃红、黄、白等颜色。春、秋两次开花。茎直立，高10～30厘米。

29. 仙人掌科肉质花卉

【特　征】仙人掌类花卉种类繁多，形态各异，有的长成高达20多米的圆柱形，有的则是直径2～3厘米的球形。它们的叶子多退化，茎干变态肉质化，呈叶状、柱状或球形，贮有大量水分。表面覆盖着蜡质、刺毛或粉状物质，以减少水分的蒸腾。具刺座，刺和花从垫状刺座上生出。

令箭荷花

30. 令箭荷花 (*Nopalxochia ackermannii*)

【特　征】 多年生常绿附生植物。原附生于热带雨林中的大树杈上。丛生灌木状，高50～100厘米。叶退化，茎扁平令箭状，绿色，多分枝。茎边缘呈钝齿状，齿凹入处有刺座。花从茎节两侧的刺座中生出，花芽红色，花筒细长，花大型喇叭状，径约30厘米，红色、玫瑰红色或白色，极美丽。花期4～6月份。浆果红色。

昙花

31. 昙　花（*Epiphyllum oxypetalum*）

【特　征】 仙人掌科肉质植物，高达3米。叶退化，老茎圆柱形，新茎扁平叶状，绿色，中肋肥厚，边缘波状，有小刺窝，无刺。花大，白色，单生茎缘齿间的凹内，长达30厘米，直径约12厘米，芳香。浆果。花期6～9月。昙花开放只有4～5个小时，且多在夜间开放，随后便逐渐枯萎凋谢，所以人们不太容易看到它开花，故有“昙花一现”之说。

32. 火龙果(*Hylocereus undatus*)

【别　名】 仙蜜果，红龙果，情人果。

【特　征】 仙人掌科多年生攀缘性肉质植物。叶子退化，茎扁平绿色。火龙果蔓生性强，枝条生长快速，温度若在25℃以上，24小时可长2.5厘米左右。需立支架支撑。花冠直径25厘米，全长45厘米，被称为“大花王”。花开后40天即可收果，果实硕大，重可达1千克，果皮胭脂红色。因其果实外表具软质鳞片如龙状外卷，故称火龙果。花果期5～10月份。

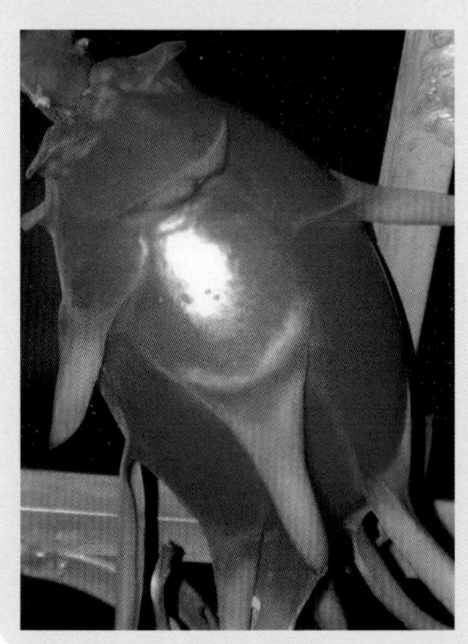

33. 蟹爪兰 (*Zygocatus truncates*)

【别　名】 蟹爪莲。

【特　征】 多年生长绿附生植物。叶状茎扁平多节，肉质，每节边缘具2～4对尖齿，边缘呈锐锯齿状，形似蟹爪，长约7厘米。茎节多分枝，绿色，天凉时边缘有紫红色的斑晕。花生在茎节的顶端，花冠数轮，花瓣翻卷，紫红色。花期12月份至翌年1月份。

34. 仙人指 (*Schumbergera brdgsii*)

【特　征】 本种形态极似蟹爪兰，但茎节比蟹爪兰稍短，长4～6厘米，边缘呈浅波状，无尖齿，节的端部稍呈圆形。开花较晚，约在1～2月份开花，花瓣粉红色或玫瑰红色。

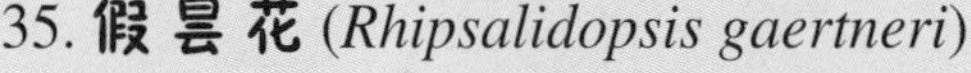

35. 假昙花 (*Rhipsalidopsis gaertneri*)

【特　征】 本种与仙人指非常相似，但茎节比仙人指宽，边缘常红色，花顶生2～3朵，花色猩红，花瓣稍向外反曲，花瓣较窄，有明显的尖角。花期3月份。

36. 仙客来 (*Cycamen persicum*)

【别　名】 兔耳花，一品冠。

【特　征】 报春花科多年生球根类花卉。具扁球状肉质块茎，叶丛生于块茎顶端。叶片肉质心形，表面深绿色，并有灰白色花纹，背面紫红色。花大，单生枝腋，花梗细长，顶生一花，花蕾下垂，花冠五深裂，开放时花瓣向上反卷，扭曲如兔耳。花色丰富，有红、白、粉红、橙红、深红、紫等颜色及红边白心等品种。花期自秋至春，但以 2～3 月份开花最盛。果球形，内含种子多数。

37. 倒挂金钟 (*Fuchsia hybrida*)

【别　名】 吊钟花，吊钟海棠。

【特　征】 柳叶菜科常绿半灌木或小灌木。高 30～150 厘米，老枝木质化，单叶对生，卵形至卵状披针形。花生于枝条顶部叶腋，具长梗，花下垂，形似吊钟。花萼钟状，4 裂，开时向上翻卷；花瓣 4 枚，抱合生长，有萼筒伸出，有粉红、橙红、紫红、蓝、白等颜色，多与花萼异色；雄蕊 8 枚，伸出花冠之外，花期较长，多于春秋季盛开。浆果。

38. **杜 鹃** (*Rhododendron spp.*)

【别　名】 映山红。

【特　征】 杜鹃花科常绿、半常绿或落叶灌木。分枝较多，细弱而直立。叶及嫩枝上多有糙状毛。单叶互生，卵形或卵状披针形。花2～6朵，簇生于枝顶；花冠漏斗状、钟状或喇叭状；单瓣或重瓣，大而显著，直径4～8厘米；花色丰富，有白、黄、紫、粉、血红等颜色，既有单色又有复色，花期因种类不同而异，早的2～3月份即开，晚的5～6月份才开，花期可长达3个多月。

39. **山 茶 花** (*Camellia japonica*)

【别　名】 茶花，耐冬。

【特　征】 山茶科常绿灌木。单叶互生，革质，光亮，卵形至倒卵形或椭圆形。长4～10厘米，边缘有锯齿，叶柄较短。花单生或2～3朵着生于枝梢顶端或叶腋，花梗极短，花单瓣或重瓣，直径5～6厘米，有红、白、粉等颜色，雄蕊多数，蒴果圆形，外壳木质化。常见栽培的还有云南山茶（*Camellia reticulata*），其叶较山茶大，长6～15厘米。叶缘有锐锯齿，花也比山茶大，直径8～22厘米，蒴果扁球形，有毛。

乳茄

40. 乳 茄 (*Solanum mammosum*)

【别　名】 牛头茄，五指茄，黄金果。

【特　征】 茄科小灌木。高约1米，分枝被短柔毛及黄色扁刺。叶卵形，长5～10厘米，边缘5浅裂，两面密生长毛。蝎尾状花序腋生，具3～4朵花；花冠紫堇色，花期夏秋。浆果倒梨形，长5～6厘米，成熟时金黄色或橙黄色，通常在基部有1～5个乳头状突起，果熟期在冬季。

红千层

41. 红千层 (*Canistemon rigidus*)

【别　名】 刷毛桢。

【特　征】 桃金娘科常绿灌木或小乔木。小枝红棕色，单叶互生，线状披针形，革质，全缘，有透明腺点；穗状花序顶生，花多数密生，红色，花丝红色，显著。花序轴在花后继续生长成有叶的新枝，蒴果半球形，花期5～7月份。

42. 扶 桑 (*Hibiscus rosasinensis*)

【别　名】 朱牡丹。

【特　征】 锦葵科常绿或半常绿灌木。茎直立，多分枝。单叶互生，阔卵形至狭卵形。花大，直生或下垂，单生于上部叶腋，有单瓣和重瓣品种。单体雄蕊，花径10～18厘米，有红、黄、白、粉、紫等颜色。朝开暮落。蒴果卵圆形。花开全年，夏秋季较盛。

43. 鹅 掌 柴 (*Schefflera octophylla*)

【别　名】 鸭脚木，小叶手树。

【特　征】 五加科常绿灌木，具气生根。掌状复叶，小叶5～8枚，椭圆形或倒卵状椭圆形，革质，光亮，并有黄色或白色斑纹。圆锥花序顶生，花白色，有香气。

茉
莉
花

44. 茉莉花 (*Jasminum sambac*)

【特　征】木樨科常绿灌木。枝条细长，单叶对生，翠绿色，革质，光亮，卵形。新梢开花，聚伞花序顶生。有花3～9朵，白色，单瓣或重瓣，极芳香。花期5～10月份。

栀
子

45. 栀 子 (*Gardenia jasminoides*)

【特　征】茜草科常绿灌木。分枝丛生，托叶鞘状，单叶对生或3叶轮生。叶片倒卵形或矩圆状倒卵形，革质，翠绿色有光泽。花大，单生枝顶，花冠高脚碟状，白色，极芳香。花萼宿存，浆果倒卵形，黄色。花期5～7月份。

46. 猪笼草 (*Nepenthes sp.*)

【特　征】 猪笼草科多年生植物。茎直立或攀援，草质或基部木质，高2～3米。叶两型，普通叶绿色革质，椭圆形或长椭圆形，顶端有卷须，借以攀援；捕虫叶卷须顶端膨大变态成捕虫囊，

瓶状或漏斗状，绿色、红色或紫色，长达13厘米，宽2～8厘米，囊内分泌粘液，可捕捉、消化昆虫，以补充自身营养。花单性，雌雄异株，总状花序或圆锥花序，小花绿色或黄色，蒴果，种子多数。

猪笼草约80余种，常见栽培的为其人工杂交种，如紫色猪笼草，捕虫囊体积较大，紫红色；天鹅绒猪笼草，捕虫囊有丝绒光泽，红绿色有紫色斑点；皇帝猪笼草，绿色大王猪笼草等。

猪笼草

47. 散尾葵 (*Chrysalidocarpus luescens*)

【特　征】 棕榈科丛生性常绿灌木。高3～8米，茎干光滑，金黄色，基部有环纹。大型叶羽状全裂，扩展，拱形，羽片披针形，柔软，亮绿色。基部多分蘖，高低错落，株形优美。花小，成串，金黄色，花期3～4月份。

散尾葵

48. 国王椰子 (*Ravenea rivularis*)

【特　征】 棕榈科常绿乔木。单干，树干基部有时膨大，具环痕，羽状复叶密生，羽片多，条形；叶色亮绿色。穗状花序具分枝，生于叶间，花单性，白色；果圆形，红色。

49. 假槟榔 (*Archontophoenix alexandrae*)

【别　名】 亚历山大椰子。

【特　征】 棕榈科常绿乔木。高可达4米，茎干挺直，圆柱形，灰白色，有环纹，基部略膨大；羽状复叶簇生树顶，拱状弯曲，羽片多数，表面绿色，背面灰白色。肉穗花序下垂，乳黄色。果球形，成熟时红色。

50. 袖珍椰子 (*Collina elegans*)

【特　征】 棕榈科常绿小灌木。株高1～3米，茎干直立，不分枝，绿色，有环纹。羽状复叶由茎顶生出，小叶20～40片，镰刀状。肉穗花序直立，有分枝，花小，橙红色。浆果橙红色。

51. 酒瓶椰子 (*Mascarena lagenicaulis*)

【特　征】 棕榈科常绿乔木。茎干圆柱形，无分枝，短矮圆肥，基部较细，中部膨大，上部又收缩变细，形似酒瓶，羽状复叶簇生茎顶，小叶宽披针形，淡绿色，肉穗花序穗状，多分枝。果实椭圆形，赭红色。花期8月份，果期为翌年3～4月份。

52. 鱼尾葵 (*Caryota ochandra*)

【别　名】孔雀椰子。

【特　征】棕榈科常绿丛生乔木。单生直立，有环状叶痕，大型二回羽状复叶，小叶厚而硬，形似鱼尾。花序多分枝，长而下垂，花3朵聚生，黄色。花期为7月份。

53. 棕　竹 (*Rhapis excelsa*)

【别　名】观音竹。

【特　征】棕榈科常绿丛生灌木。高1～3米，茎干直立，不分枝，节上具褐色粗纤维叶鞘，叶掌状，4～10全裂，裂片条状披针形。肉穗花序，淡黄色，多分枝，雌雄异株。浆果球形。

54. **蒲 葵**（*livistona chinensis*）

【别　名】扇叶葵。

【特　征】棕榈科常绿乔木。株高可达20米，盆栽高不过3米。草茎直立，叶基宿存，干上裹棕皮。叶柄长约1米，基部宽大，沿两测生有倒钩刺；叶宽肾状扇形，直径约1米，掌状深裂，裂片条状披针形，先端长渐尖，多下垂。肉穗花序生于茎顶的叶丛内，长可达1米；佛焰苞棕色；花形小，黄绿色。果椭圆形至长圆形，成熟时黑色。

55. **软叶刺葵**（*Phoenix roebelinii*）

【别　名】软叶针葵。

【特　征】棕榈科常绿小乔木。高2～4米，胸径7～13厘米，干单生，叶脱落后在茎上常残留宽三角形的叶柄基部。状复叶长约1米，常下垂；裂片线形，顶端渐尖，近对生，较柔软，近基部裂片退化成针刺状。肉穗花序长30～50厘米，花序轴扁平；佛焰苞薄革质。果长圆形，肉质，成熟时深红色。

56. 孔雀竹芋 (*Calarhea makoyana*)

【别　名】 孔雀肖竹芋。

【特　征】 竹芋科多年生常绿草本。具根状茎，叶丛生于基部，叶片卵形，表面灰绿色，主脉两侧有大小不一的彩色斑纹，深绿色，形似孔雀尾羽；叶背紫色，叶柄深紫红色，白天叶片水平展开，夜间竖立。

57. 天鹅绒竹芋 (*Calathea zebrina*)

【别　名】 斑叶青竹芋。

【特　征】 竹芋科多年生草本。高约60厘米，具根状茎，叶丛生于基部，长椭圆形，薄革质，浅绿色并具有深绿色交织的斑马状羽状条纹，具有丝绒光泽。叶背紫红色。卵圆形穗状花序，花紫色。

58. 彩虹竹芋 (*Calarhea roseo ~ picta*)

【别　名】 玫瑰竹芋。

【特　征】 芋竹科多年生草本。株高30～60厘米，叶椭圆形，光滑而富有光泽，浓绿色，中脉浅绿色至粉红色，羽状侧脉两侧间隔着斜向上的浅绿色斑纹，近叶缘处有一圈玫瑰色或银白色环形斑纹。叶色非常美丽。

59. 红羽竹芋 (*Calathea ornata*)

【别　名】 红条斑纹竹芋。

【特　征】 竹芋科多年生草本。叶柄细长，叶片长椭圆形至广披针形，两侧不等。幼叶橄榄绿色，有光泽，沿中脉两侧有8～9对平行并列的玫瑰红色的线条。老叶线条逐渐变成乳白色，叶背紫红色。

60. **红背竹芋**（*Stromanthe sanguium*）

【特　征】竹芋科多年生草本，株高70～120厘米，有地下茎。叶披针形或长椭圆形，暗绿色，中脉淡绿色。沿中脉两侧或叶缘有斜向上的黄白色条斑，叶背面紫红色。花期春末夏初，苞片及萼片红色，花白色。

61. **青苹果竹芋**（*Calathea rotundifolia* cv.Fasciata）

【别　名】圆叶竹芋。

【特　征】为竹芋科多年生常绿草本植物。基出叶，丛生状，叶鞘抱茎。植株高可达40～70厘米，叶柄为浅褐紫色，叶片圆形或近圆形，直径通常在20～30厘米之间，叶缘呈波状，先端钝圆。叶面淡绿或银灰色，羽状侧脉有6～10对银灰色条斑，中肋也为银灰色，叶背面淡绿泛浅紫色。花序穗状。因其叶片硕大、叶色清翠、叶形圆润酷似苹果而得名。

花烛

62. 花 烛 (*Anthurium andraeanum*)

【别　名】 红掌，安祖花。

【特　征】 天南星科多年生常绿草本。茎节短，叶自基部生出，长圆状心形或卵心形，绿色，革质，全缘；叶柄细长，佛焰苞平出，卵心形，革质并有蜡质光泽，橙红色或猩红色；肉穗花序长 5 ~ 7 厘米，黄色。可常年开花不断。

红鹤芋

63. 红鹤芋 (*Anthurium schererianum*)

【别　名】 火鹤花。

【特　征】 天南星科多年生常绿草本。茎矮；叶丛生，卵状椭圆形至卵状披针形，全缘，革质；花梗细长，红色；佛焰苞阔卵形，鲜红色，肉穗花序橙红色，螺旋状扭曲，可常年开花。

64. 马蹄莲 (*Zantedeschia aethiopica*)

【别　名】 水芋。

【特　征】 天南星科多年生草本。具肉质块茎。叶大，基生，箭形，鲜绿色。佛焰苞白色，呈喇叭状旋卷，马蹄形。肉穗花序鲜黄色。花期11月份至翌年5月份。若温度适宜，可四季开花。

65. 花叶芋 (*Caladium bicolor*)

【别　名】 彩叶芋。

【特　征】 天南星科多年生草本。块茎扁圆形，黄色。叶卵状三角形至心状卵形，呈盾状着生，表面绿色，散布着许多白色和红色的斑点。佛焰苞舟形，淡绿色，基部稍带紫黑色。肉穗花序，黄色至橙黄色。浆果白色。

66. 斑马万年青 (*Aglaonema commutatum*)

【特　征】 天南星科多年生常绿直立草本。株高可过1米，多不分枝。叶卵状披针形，聚生茎顶，大而光亮，浓绿色，中脉两侧具羽状排列的黄白色条纹。佛焰花序黄绿色。浆果鲜红色。

67. 大王万年青 (*Dieffenbachia amoena*)

【别　名】 大王黛粉叶。

【特　征】 天南星科多年生直立草本。株高可达1~2米，茎圆柱形，肉质，有的自然分枝，茎上具有叶片脱落留下的环纹痕迹。叶片椭圆形，暗绿色，上有不规则的白色斑点或条纹，较美丽。

白玉万年青

68. 白玉万年青(*Dieffenbachia amoena* cv. “Camilla”)

【别　名】 白玉黛粉叶。

【特　征】 株高35～40厘米，丛生，茎肉质，叶长卵形或椭圆形，先端尖，全缘。叶片乳白色，边缘约1厘米为深绿色。佛焰苞白色。

红宝石

69. 红宝石 (*Phiilodendron vubrum*)

【别　名】 大叶喜林芋。

【特　征】 天南星科多年生大型常绿藤本。具有气生根，叶片长心形，质厚，墨绿色，表面有光泽，背面紫红色。苞片及叶柄鲜红色。

70. 绿宝石 (*Phildendron erubescens*)

【别　名】 长心叶蔓绿绒。

【特　征】 天南星科多年生大型藤本。茎粗壮，节上生有气生根，叶片长心形，绿色，全缘，有光泽；叶柄及嫩梢均为绿色。

71. 绿帝王 (*Philodendron wendlandii*)

【别　名】 丛叶喜林芋。

【特　征】 天南星科多年生直立草本。叶阔披针形，质厚，革质，浓绿色，有光泽，丛生。具有气生根，托叶及花苞红绿色。

绿萝

72. 绿 萝 (*Rhahidophora aurea*)

【别　名】 黄金葛。

【特　征】 天南星科多年生常绿攀援藤本。具有气生根，叶片革质，光亮，心形至长卵形，全缘，嫩绿色，具有不规则黄白色斑纹。

绿巨人

73. 绿 巨 人 (*Spcothiphy canifolium*)

【别　名】 苞叶芋。

【特　征】 天南星科多年生常绿草本。叶长卵圆形或椭圆形；叶柄较长，由短茎上生出，丛生，墨绿色；叶脉清晰，佛焰苞掌状，初时为绿色后转白色。花期 5 ~ 9 月份。

74. 春芋 (*Philodendron selloum*)

【别　名】羽裂蔓绿绒。

【特　征】天南星科多年生常绿草本。具有粗大气生根。茎短，直立。叶片大型，广心形，羽状深裂，浓绿色，有光泽。叶柄坚挺而细长，丛生于茎顶。

75. 龟背竹 (*Monstera deliciosa*)

【别　名】蓬莱蕉。

【特　征】天南星科多年生常绿藤本。茎绿色，粗壮，节明显似竹；茎干上生有长而下垂的气生根，叶厚，革质，绿色，光亮。幼株叶片心脏形，无孔。成株叶大，矩圆形，具有不规则羽状深裂，叶脉间散布许多长圆形孔洞，极似龟背。佛焰苞厚，革质，白绿色，花序淡黄色，花期 8～9 月份，浆果淡黄色。

海芋

76. 海 芋 (*Alocasia macrorrhiza*)

【特 征】 天南星科多年生草本。株高可达1.5米。茎粗壮，直立，叶大，圆心形，亮绿色，簇生于茎顶。佛焰苞黄绿色。假种皮红色。

观赏凤梨

77. 观赏凤梨

观赏凤梨为凤梨科观赏植物的总称。

【特 征】 多年生草本。多数附生，少数地生。株高10～15厘米，叶革质，叶缘大部分有锯齿，有的具短刺。叶旋叠式丛生成莲座状，叶丛中心呈筒状，可以盛水而不漏，形如水塔。将水浇于筒中，可由基部鳞毛吸收，叶片形态丰富，色彩斑斓。穗状花序由叶丛中抽出，大而美丽。花期较长。

78. 虎尾兰 (*Sansenvieria trifasciata*)

【特　征】百合科多年生常绿草本。根状茎粗短，匍匐，无地上茎。叶簇生成丛，线状披针形，硬革质，直立，先端有一短尖头，基部渐窄而形成有凹槽的叶柄，两面有浅绿色和深绿色相间的横向斑带，稍被白粉；圆锥花序，花白色，有香气。

79. 蜘蛛抱蛋 (*Aspiclistra elatior*)

【别　名】一叶兰。

【特　征】百合科多年生常绿草本。根状茎粗短，匍匐地下，具节和鳞片，叶单生，长椭圆形至矩圆状披针形，全缘，深绿色；叶柄健壮，挺直。花钟形，紫色，单生叶基部短梗上，紧附地面；浆果球形，犹如蜘蛛下蛋，花期为4～5月份。

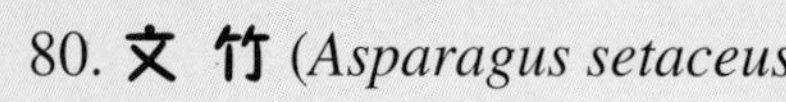

80. 文 竹 (*Asparagus setaceus*)

【别　名】 云竹。

【特　征】 百合科多年生常绿草本。根部稍肉质。茎蔓性，丛生，伸长呈攀援状，有刺。叶状枝纤毛状，叶退化成鳞片状，白色。花小，近白色，1～4朵着生于羽毛状细枝上。浆果球形，成熟时红色。

81. 芦 荟 (*Aloe vera*)

【特　征】 百合科多年生常绿肉质草本。茎节较短，直立。叶肥厚肉质，蓝绿色，披针形，边缘有刺齿，簇生成莲座状，总状花序自叶丛中抽生，穗状小花密集，橙黄色并带有红色斑点，花被筒状。蒴果三角形。花期为7～8月份。

82. **巴西木** (*Dracaena fragrans*)

【别　名】 香龙血树，巴西铁。

【特　征】 龙舌兰科常绿直立灌木或乔木。株高可达6米。茎粗大，多分枝。幼枝有环状叶痕，叶长椭圆状披针形，丛生茎顶；绿色的叶片中央或边缘有金黄色纵条纹，有光泽。圆锥花序，花黄白色。浆果球形，橘黄色。

83. **富贵竹** (*Dracaena sanderiana*)

【别　名】 仙达龙血树。

【特　征】 龙舌兰科龙血树属常绿小乔木。根黄褐色。茎细长直立，无分枝。叶长披针形，长10～20厘米、宽2～3厘米，叶柄鞘状；叶面的斑纹色彩因不同品种而异。常见的栽培品种：金边富贵竹，叶边缘金黄色，中央绿色；银边富贵竹，叶边缘银白色，中央银色；青叶富贵竹，又称绿叶仙达龙血树、万年竹，叶片浓绿色，是前两者的芽变品种。

84. 剑叶龙血树 (*Dracaena* sp.)

【特　征】 剑叶龙血树为龙舌兰科常绿乔木。主干粗壮，高度在5～15米之间。根部粗壮。树皮为灰白色，光洁而润滑，老树的干皮则变成灰褐色，有纵裂的细纹，并呈片状剥落。叶片剑形，长30～50厘米，叶色墨绿而深暗，聚生在茎或枝的顶端。每年3月开乳白色花朵，圆锥花序。7～8月果实成熟，橘黄色的浆果近似球形，每个果实中含有1～2枚种子。

85. 酒瓶兰 (*Nolina recurrata*)

【别　名】 象腿树。

【特　征】 龙舌兰科多年生常绿小乔木。盆栽高约1～2米。茎直立，木质，基部膨大或球形，状似酒瓶。叶片细长，条状线形，革质，弯曲下垂，簇生于茎顶，长1米以上，宽1～2厘米，叶缘具细锯齿。圆锥花序，花小，白色。

86. 朱 蕉 (*Cordyline terminalis*)

【别　名】 红叶铁树，千年木。

【特　征】 龙舌兰科常绿小灌木。茎直立，细长，节明显。叶长披针形、阔披针形至长椭圆形，在茎顶呈2列旋转聚生，绿色或带紫红色、玫瑰红色条斑，幼叶开花时变成深红色。圆锥花序生于顶部叶腋，小花白色。浆果红色。

87. 文殊兰 (*Crinum asiaticum*)

【特　征】 石蒜科多年生常绿草本。有大型鳞茎，鳞茎有毒。叶多数，带状，簇生茎端；花莛腋生，高可达1米，伞形花序，有花10～24朵；花白色或红色，有香气。花被6片，线形，翻垂。

88. 大花君子兰 (*Clivia miniata*)

【别　名】 君子兰。

【特　征】 石蒜科多年生常绿草本。肉质须根系，基部具叶基形成的假鳞茎。叶由基部抽出，两侧对生，带状剑形，肥厚宽大，革质光亮。花茎自叶丛中抽出，肥壮，扁圆形，伞形花序，有花7～40朵，多数 8～16 朵；花朵漏斗状，花被6裂，橘黄色或橙红色。浆果球形，成熟时红色 。花期12月份至翌年 4 月份。

89. 鹤望兰 (*Strelitzia reginae*)

【别　名】 极乐鸟花，天堂鸟花。

【特　征】 芭蕉科多年生草本。高约 1 米，肉质根粗壮，白色。茎基生，不明显。叶大，革质，粉绿色，两侧对生排列，叶柄较长，叶片长卵形至长椭圆形。花茎高于叶片，花序水平伸出，小花向上生长，花形奇特；佛焰苞长约 15 厘米，舟形，绿色，具红晕，有花6～8朵。花的 3 枚外瓣为橙黄色，3枚内瓣为蓝紫色。花期较长，从 10 月份至翌年 5 月份，每朵花可开放 40 天左右。

90. 兰 花 (*Gymnbidium spp.*)

【别　名】 中国兰，山兰。

【特　征】 兰花是原产于我国的兰科兰属观赏植物的总称，为多年生草本。地生或附生。传统栽培的是几种地生兰，主要是春兰、蕙兰、建兰、墨兰、寒兰等种及相关品种。

兰花根为丛生须根，肉质肥大，多不分枝，白色，裸在土外的为青绿色。茎分根茎和花茎两种。根茎是根与叶相接处的一个膨大多节的假球茎，其上着生叶片和花茎，老的假球茎可衍生新球茎，使兰花更新。花茎又称花莛，其上着生花和数层苞叶。叶有两种类型：一种呈带状或线状，革质，3～7枚成束簇生于假球茎上，直立或软垂；另一种呈椭圆形或披针形，较宽阔，有长柄。花单生或呈总状花序，花被6片，分内外两轮排列，外3片为萼，内3片为花瓣，上侧两瓣同形，下方的一瓣较大，形态各异，称唇瓣，上面散布红、紫红斑点的称彩瓣，白绿或微黄而无斑点的称素瓣。两性花，芳香。蒴果棒状，种子微小呈粉末状，每个蒴果含种子数万至数十万粒，一般不易发芽。

兰花

91. 洋 兰

【特　征】 洋兰多指从国外引进的花朵硕大的气生兰。其花冠特大，花型变化多端，有的似蝴蝶、金鱼、蜜蜂、蜘蛛，而有的像羊角和虎头。花色丰富多彩，除常见的红、紫、黄、白、蓝、绿等颜色外，还有各种组合色彩，千变万化，而且大多有明丽的荧光。花期较长，单朵花可开放5～6周，有的甚至长达数月之久。此外，它还有无茎与多茎、矮生与树状之分，以及无叶与多叶、绿叶与斑叶之别，千姿百态，引人入胜。

洋兰

洋兰常见栽培的有：

大花蕙兰

(1) 大花蕙兰 (*Cymbidium spp.*)

【特　征】 多年生附生性兰。高达1米，叶片革质，带形，半直立；花枝粗壮高大，一莛可开花10余朵至30余朵。花朵硕大，直径可达13厘米；花形规整，颜色鲜艳，有黄色、白色、绿色和粉红等颜色，唇瓣具红、紫斑点，异彩纷呈，十分美丽。花期较长，整个花序可维持50～80天。目前国内外栽培大花蕙兰非常流行。我国栽培的大花蕙兰多为从韩国、泰国引进的杂交品种，花期多在冬末春初。

蝴蝶兰

(2) 蝴蝶兰 (*Phalaenopsis amabilis*)

【特　征】 多年生常绿草本。茎短。几片长椭圆形的叶片交互排列在短茎上，肥厚碧绿，革质，有光泽，长可达20厘米以上，宽5～7厘米。蝴蝶兰生长缓慢，每年只生2～3片叶子。总状花序，花茎一至数枚，拱形，每年冬季从叶片旁侧生出。生长好的花茎，长度可达半米以上，并产生若干分枝；几朵乃至数十朵花在各分枝上逐一绽放。花大，蝶状，花期为3～4月份，花期可达1～2个月。花形美丽，颜色丰富，有红、粉、黄、白、紫等颜色，还有带斑点和带斑纹的。

(3) 卡特利亚兰 (*Catteleya bowringiana*)

【别　名】 卡特兰。

【特　征】 多年生常绿附生草本。假球茎长纺锤形，上面着生1片叶子，叶片革质，长椭圆形，翠绿色，有光泽。每年春季从横生的根状茎上生出新的假球茎。花序从叶基部生出，大型，美丽，常见的有白色、粉红色和紫红色。每朵花可开1个月之久。

(4) 万带兰 (*Vanda sp.*)

【别　名】 万代兰，胡姬兰。

【特　征】 多年生附生草本。茎攀缘状，单轴分枝，叶片扁平带状，向两侧排列成两列，气生根肉质，根系发达，附生性强。总状花序腋生，一穗多花。花瓣白色、紫红色，多有白色或紫色斑纹。唇瓣3裂，有短矩。

兜兰

石斛兰

(5) 兜 兰 (*Paphiopedilum spp.*)

【别　名】 拖鞋兰。

【特　征】 地生或半附生兰。叶片带状，革质，基生，深绿色；花茎高于叶丛，花色有红、黄、绿、白等色，并具褐色斑纹或斑点；花形奇特，唇瓣呈半椭圆形的袋状或兜状，形似拖鞋，故而得名；背萼发达，呈半圆形或倒心脏形，其上生有各式花纹、斑点。花期较长，从10月份开至翌年3月份。

(6) 石 斛 兰 (*Dendrobium nobile*)

【特　征】 多年生落叶草本。茎丛生，直立，上部略呈回折状，稍扁，黄绿色，具横纹。叶近革质，矩圆形，顶端2圆裂。叶及膨大的根状茎能吸收和贮存水分。总状花序自上部叶腋或枝顶抽出。花大，白色，顶端淡紫色，唇瓣圆领状，基部中央具有一块深紫色斑。5～6月落叶期开花。

(7) 舞女兰 (*Oncidium spacelaatum*)

【别　名】文心兰，跳舞兰。

【特　征】兰科多年生草本花卉。为气生性兰，植株高20～30厘米，假鳞茎卵形、纺锤形或扁卵圆形，绿色，顶生1～3枚叶。总状花序，腋生于假鳞茎基部，花茎长30～100厘米，花朵唇瓣有黄色、白色或红褐色，单花期约20天。花朵多达数十朵，因其花形似穿连衣裙少女翩翩起舞，故名舞女兰。舞女兰植株轻巧、雅致，花色艳丽、花形奇特，为著名的盆栽或切花花卉。

92. 菜豆树 (*Radermachera sinica*)

【别　名】幸福树，麒麟紫薇。

【特　征】紫薇科菜豆树属落叶乔木，高达15米，树皮浅灰色，深纵裂。2～3回羽状复叶，叶轴长约30厘米。小叶对生，呈卵形或椭圆形，先端尖，全缘，两面无毛。花序直立，顶生，花冠钟状漏斗形，白色或淡黄色。蒴果革质，呈圆柱状长条形，似菜豆。

大
叶
伞

93. 大叶伞(*Schefflera actinophylla*)

【别　名】 昆士兰伞木。

【特　征】 五加科常绿乔木。主干挺拔，掌状复叶聚生枝顶。

小叶数目随着生长而变化，幼树3～5片，大树6～9片，有时多达10余片。叶柄较长，小叶长椭圆形，革质，表面浓绿色、有光泽。枝繁叶茂，犹如一把大伞，因此得名。

佛
肚
树

94. 佛肚树(*Jatropha Podagrica* Hook)

【别　名】 珊瑚油桐，玉树珊瑚。

【特　征】 大戟科多年生常绿肉质灌木，高可达100厘米，茎基部膨大呈卵圆状棒形，故名“佛肚树”。茎端二歧分杈。茎表皮灰色易脱落。叶6～8片，簇生分枝顶端，具长柄，盾形，3～5浅裂，长和宽各15～18厘米，绿色，光滑又稍具蜡质白粉。托叶和腺体流苏状，宿存于茎枝上很长时间。花序长15厘米左右，复二杈分枝，珊瑚状，花及花柄朱红色，几乎全年开花。

第八章　家庭花卉主要品种的产地、生产习性、栽培管理和用途

一、1～2年生草本花卉

1. 报春花
(*Primula Spp*)

【产地及习性】　报春花约有500多种，主要产于北半球的温带和亚热带高山地区，常见栽培的种类有藏报春、报春花、四季报春，均产于中国；欧报春原产于西欧及南欧。报春花属为一典型的暖温带属，喜气候温凉，环境湿润和排水良好、富含腐殖质的土壤；不耐高温和强烈阳光直射，多数也不耐寒，宜用中性土壤栽培，不耐霜冻，花期早，一般多作为冷温室盆花。夏季休眠。

【栽培和管理】　播种或秋季分株繁殖，多以播种繁殖为主，种子多在5～6月成熟，需及时采收，由于种子容易丧失发芽力，采收后应及时播种，或在干燥低温条件下贮藏。适播期为6～9月，一般6月下旬播种，春季可开花，但需遮荫降温管理。因种子细小，为防止过密，可以将种子和沙或土混匀后再播于苗盆内，要撒匀，用木板稍加镇压，不覆土或覆一薄层细土，以盖上种子为宜。播种后用浸盆法浇水，盆口盖上玻璃或塑料薄膜，以保持湿润并放置半阴处，或在上面盖上报纸，以避免阳光直射，适温15℃～20℃，超过25℃则发芽率下降，7～10天后出苗，等苗出齐后去掉玻璃，以防幼苗因温度高而徒长。

待小苗长出2片真叶时即可分苗移栽，长有5～6片真叶时再

移栽1次。幼苗应放于荫棚内，使其安全度夏。9月份气温下降后可逐渐增加光照，以利于花芽分化。保持土壤湿润，避免干燥使叶片萎蔫。生长季节宜半个月施1次腐熟的饼肥水或复合化肥，10月中旬后移入温室。报春花为异花授粉植物，若要产生种子需人工授粉，当花开2～3天后用火柴梗一头蘸着花粉涂抹在另一朵花的柱头上即可。结实期间，注意通风，保持干燥，以利于果实发育，果实成熟后及时采收。报春花一般在6月左右进入休眠期，这时，应将花盆移入室内通风阴凉处保存，温度控制在15℃左右，盆土保持湿润，不能过干或过湿，以防干死或烂根。9～10月炎夏结束，气候转凉，应重新换盆，并施稀薄液肥，进入正常管理。10月份即可发新叶，12月份陆续开花。

报春花在幼苗期生长较弱，又因在7～8月气温较高，幼苗极易发生猝倒病而导致腐烂、死亡。发现病株应当立即除去烧毁，防止蔓延，并对土壤进行消毒。

【用　途】 报春花为冬、春季观赏的温室花卉，叶绿花美，花期较长，深受人们欢迎。

2. 矮牵牛

(*Petunia hybrida*)

【产地及习性】 原产于南美洲阿根廷。喜温暖、干燥、阳光充足及通风良好的环境，不耐30℃以上的高温，忌雨涝积水，好疏松、排水良好的微酸性沙质土壤。

【栽培和管理】 播种或扦插繁殖，春播、秋播均可。秋播，翌年春季开花。因种子细小，覆土要薄，或种子掺土播下，不再覆土。用浸盆法浇水，保持土壤湿润，温度20℃以上时约1周出苗，当真叶3～4片时分栽1次，并摘心，移植2～3次后定植于露地或上盆。秋播苗温室越冬。生长期不宜大水大肥，以防止徒长倒伏。每10～15天浇1次腐熟的马掌水或麻酱渣水，适当修剪、整枝，并

控制高度，促使多开花，修剪下来的枝条可用于扦插繁殖。重瓣种、大花种不宜产生种子或种子易退化，可用扦插法繁殖，于春天和秋凉后扦插为宜。选健壮充实枝条，扦插于粗沙中，在20℃～23℃条件下，约15～20天生根。

【用　途】 矮牵牛花大色艳，多姿多彩，且花期长，开花繁茂，是一种极好的春季花卉。行盆栽或地栽，用于布置花坛。

3. 长春花
(*Catharanthus roseus*)

【产地及习性】 原产于南亚、非洲及美洲热带。喜温暖、阳光充足和稍干燥的环境，怕严寒，忌水渍。对土壤要求不严，在富含腐殖质的土壤中生长较好。

【栽培和管理】 多播种繁殖，一般在4月份气温回升至10℃以上时播种。4～5对真叶时分栽1次，6～7对真叶时即可定植或上盆。为促进其分杈发棵和花繁叶茂，要进行摘心打顶2～3次。生长期可每半个月浇灌1次腐熟的饼肥水或复合肥。阴雨天需及时排水以防涝害。果实成熟后易自行开裂，故需要在果实发黄时摘取收种，以防止种子散落。

【用　途】 长春花花多色艳，自夏季至秋季每天开花不断，若室温保持在15℃～20℃，可一年四季花开不断，好栽培，易管理。是深受人们欢迎的夏、秋季盆栽花卉，也可地栽。

4. 蒲苞花
(*Calceolaria herbeohybrida*)

【产地及习性】 原产于南美洲。喜凉爽湿润而又通风良好的环境，生长适温10℃～15℃，温度高于20℃便不利于其生长开花。忌干怕湿，也怕炎热，要求严格。喜排水良好、富含腐殖质的偏酸性土壤。属于长日照花卉，延长光照时间可提早开花。

【栽培和管理】 蒲苞花忌干怕湿，浇水要间干间湿，同时不要把水浇在叶和芽上，以免引起腐烂。要保持较高的空气相对湿度(80%左右)和良好的通风条件。喜明亮光照，但中午光照过强时需适当遮荫。施肥应掌握薄肥勤施的原则，一般每7~10天施1次稀薄饼肥水。如施化肥，则浓度不宜超过0.3%。为使其提前至元旦或春节开花，可于冬季补充人工光照，每日把光照时间延长至14个小时以上，进行促成栽培。

蒲苞花自花授粉不易结实，室内栽培时必须人工辅助授粉。花谢后气温渐高，为了使果实充分成熟，必须采取遮荫、通风等降温措施，否则植株极易枯萎。5月上旬以后，果实渐渐成熟，蒴果变黄后需及时分批采收。生长期间易生红蜘蛛、蚜虫，常受蓟马为害，需要注意防治。

【繁　殖】 多行播种繁殖，待秋季气候凉爽时于9月份播种。用消过毒的园土或腐叶土与沙按1∶1混合、压平，然后将种子掺细土均匀撒播于苗盆，不必覆土。以盆底浸水法浇水，盆口盖上玻璃，放半阴处，约7~10天出苗，出苗后揭去玻璃，通风透光。苗期管理必须精细，如气温过高，土壤过湿，幼苗均易腐烂，如出苗过密，应及时间苗，并要有通风良好的环境和15℃左右的温度。小苗长出2~3片真叶时，可分栽入小盆，再经过1~2次换盆，可于11月份上大盆定植。

【用　途】 蒲苞花株型小巧，花形奇特，色彩艳丽，极富观赏价值，是良好的早春室内盆栽花卉。

5. 金莲花

(*Tropaeolum majus*)

【产地及习性】 原产于南美洲，喜温暖湿润、阳光充足的环境，既不耐旱，又怕水涝。不耐寒，冬季最低温度不能低于10℃，盆栽需温室越冬。喜排水良好的肥沃土壤。

【栽培和管理】 播种或扦插繁殖。播种多于8～11月份在温室进行，播种后保持18℃～20℃的温度。7～10天后发芽，播种前用40℃温水浸种1天，有利于发芽。出苗后于低温温室培育，2～3片真叶时摘心并上盆。扦插多于4～6月进行，选取粗壮的嫩茎做插穗，长约3～4节，去掉基部叶片，带顶插入基质中，保持湿润，约2周即可生根上盆。随着植株的生长，要用竹竿做支架绑缚枝蔓，以利于生长，花前1～2周追施1次液肥，促使开花繁殖。由于枝条内部多浆，在整个生育阶段需要充足的水分，并保持较高的空气相对湿度。

【用　途】 金莲花叶肥花美，多行吊栽，以装饰美化室内环境，非常美观。

6. 一串红

(*Salvia splendens*)

【产地及习性】 原产于南美洲，喜温暖向阳的环境，也能耐半阴，不耐干旱，忌霜害，要求疏松肥沃的土壤。

【栽培和管理】 播种或扦插繁殖。3月下旬至6月上旬均可播种，早播可早开花。幼苗长至2～3片真叶时移植。扦插在春、秋两季均可进行，取粗壮嫩枝8～10厘米，插于插床，保持湿润，注意遮荫，约15天可生根。定植或盆栽均需施以基肥。定植后留2节即进行摘心，开花前需摘心2～3次，以促使分枝，并促使植株矮壮，多开花。一般从摘心至开花需要25天时间。一串红喜肥，盆栽种每月追肥2次，并适当遮蔽夏季中午的烈日。特别需防旱，一旦缺水则花蕾脱落。需要及时采收种子，以防止脱落，并将植株从离地面20厘米处剪掉，加强水肥管理，12月份可在温室再度开花，或于深秋剪去地上部分，留老根上盆进温室。至翌年夏季可养成开花大株。一串红易感猝倒病，常受红蜘蛛、白粉虱、蓟马为害，应注意防治。

【用　途】　一串红色泽红艳，烂漫醒目，花期长，是园林广为栽培的夏、秋季装饰花卉，为布置花坛的主体材料。盆栽特别适合国庆节摆设图案。

7. 金鱼草
(*Antirrhinum majus*)

【产地及习性】　原产于地中海沿岸，性喜凉爽气候，为典型长日照植物。但有些品种不受日照长短的影响。较耐寒，可在0℃～12℃气温下生长。花色鲜艳丰富，花由花莛基部向上逐渐开放，花期长。喜全光照、排水良好、富含腐殖质、肥沃、稍黏重的土壤，也可在稍遮荫下开花。在中性或稍碱性土壤中生长尤佳。

【栽培和管理】　以播种繁殖为主。种子细小，秋播或春播于疏松沙质混合土壤中，稍用细土覆盖，保持潮润，但勿太湿。种子萌发适温为12℃～15℃。也可进行扦插。幼苗期适温昼间12℃～15℃，夜间2℃～10℃。在两次灌水间宜稍干燥。等生出真叶利于操作时进行移栽。定植株行距30厘米×30厘米左右。苗期摘心促使分枝，植株茁壮，但常延迟花期。对高性品种应设支柱，以防倒伏。生长期施1～2次完全肥料，注意灌水。在自然条件下，秋播者3～6月为花期。在人工控制温室条件下，促成栽培7月播种，可于12月至翌年3月间开花；10月播种，翌年2～3月间开花；1月播种，5～6月间开花。一般自播种至开花约12周。温室栽培夜温保持在7℃～10℃，日温12℃～18℃之间。在适宜条件下花后保留茎基15厘米，剪除地上部，加强水肥管理，可使下一季度继续开花。施0.02%赤霉素有促进花芽形成和开花的作用。

【用　途】　金鱼草株形别致，花茎挺直，花形奇特，花繁色艳，是初夏花坛优良的配景花草，也可盆栽观赏或切花。

8. 石 竹
(*Dianthus chinensis*)

【产地及习性】 原产于我国，分布较广。喜阳光充足、高燥、通风、凉爽的环境和排水良好、含石灰质的肥沃土壤。耐寒，耐干旱，不耐暑热，忌潮湿和水涝。

【栽培和管理】 播种、扦插或分株繁殖均可。可于9月份插于露地苗床，翌年春定植，株行距均为30厘米。植后每隔3周追肥1次，并进行摘心2次，以促使其分枝。

现广泛栽培的同类花卉还有须苞石竹，别名美国石竹、十样锦。株高60～70厘米，花小而多，密集成头状聚伞花序，苞片多而细长。花期为春、夏两季。栽培与繁殖同石竹。

【用 途】 植株青翠成丛，花朵质如丝绒，花色艳丽，花朵繁密，是优良的春季草花。多作布置花坛、花境之用，也可盆栽或做切花。

9. 丝石竹
(*Cypsophila elegans*)

【产地及习性】 原产于俄罗斯，现各国广为栽培。要求含石灰质、肥沃、排水良好的土壤。忌炎热和过于潮湿。

【栽培和管理】 丝石竹适应性强，易栽培。播种繁殖，现多采用组织培养快速繁殖。秋播或春播，播后10天左右出苗，幼苗不宜移植，应注意间苗，在真叶充分展开后移植。

【用 途】 丝石竹花朵繁茂，分布均匀，犹如繁星点点，适用于布置花坛、花境。最适宜作切花的衬花。

10. 紫罗兰
(*Matthiola incana*)

【产地及习性】　原产于地中海沿岸。喜凉爽气候，忌燥热。喜疏松肥沃、土层深厚、排水良好的中性偏碱性土壤。

【栽培和管理】　播种繁殖，于9~10月份进行盆播。播前将土壤浇足水，播后不宜直接浇水，只可浸水保持土壤湿润。播后2周发芽，真叶展开时间苗。为直根性，须根不发达，不耐移植。移植时要带土坨，尽量少伤根。定植距离以20~30厘米为宜，不可栽植过密，要给予充分光照和通风，否则易徒长，招致病虫害。栽培期间要注意施肥，4~5月份即可开花。花后剪去花枝，并施1~2次追肥，到6~7月份可第二次开花。

【用　途】　紫罗兰开花早，花期长，花序也长，色艳芳香，适宜做切花，也可布置花坛、花境或做盆花。

11. 含羞草
(*Mimosa pudica*)

【产地及习性】　原产于南美热带地区。不耐寒，喜阳光和温暖气候，在湿润肥沃的土壤上生长良好。

【栽培和管理】　播种繁殖，4月份播种，可地播或盆播，播前最好用温水浸种1~2天。幼苗生长缓慢，当苗高7~8厘米时，定植或上盆。生长季节加强水肥管理，生长较快。8~9月份为果熟期。因果实成熟期参差不齐，应注意及时分期采收种子。

【用　途】　多盆栽观赏。对触动刺激有灵敏的闭合下垂反应。

12. 三色堇
(*Viola tricola*)

【产地及习性】 原产于欧洲。喜凉爽气候，耐寒，略耐半阴，要求肥沃、湿润的砂壤土。在炎热多雨的夏季生长不良，结实困难。

【栽培和管理】 播种繁殖，一般于9月份在露地苗床播种。播前可温水浸种1天，发芽适温15℃～20℃。当幼苗长出两片真叶时，进行间苗或分苗并控制肥、水，以防止徒长。10月上旬移入背风向阳的苗床中，覆盖稻草或马粪防寒。翌年3月底定植或上盆，株行距15厘米×25厘米，加强肥水管理，4月下旬即可开花。当果实干燥发白时即可采收种子，过晚果皮开裂，种子散落，不易收集。

【用 途】 三色堇花形奇特，开花早，为优良的花坛材料和早春盆花。

13. 福禄考
(*Phlox drummondii*)

【产地及习性】 原产于北美洲。喜温暖，稍耐寒，忌酷暑。不耐旱，忌湿涝，喜疏松、排水良好的砂壤土。

【栽培和管理】 播种繁殖。多于春季播种，发芽适温15℃～20℃。为提早花期可于温床提前育苗，幼苗经1次移植后于4月中下旬定植。注意浇水、施肥。蒴果成熟期不一，为防止种子散落，可在大部分蒴果发黄时将花序剪下，晾干脱粒。

【用 途】 多行盆栽供早春摆设花坛之用。

14. 鸡冠花

(*Celosia cristata*)

【产地及习性】 原产于非洲、美洲热带和印度，世界各地广为栽培。生长期喜高温、全光照和较干燥的空气。短日照下能诱导开花。宜在土层深厚、肥沃、湿润、弱酸性(pH值为5~6)的土壤中栽培。忌积水，较耐旱。温室栽培时日温宜保持在21℃~24℃，夜温15℃~18℃。花期6~10月。种子陆续成熟，采种期8~10月。种子可自播，生活力能保持4~5年。

【栽培和管理】 种子繁殖。3月间播于温床。晚霜后可播于露地。种子萌发时嫌光照，需盖土。因种子细小，盖土宜薄。在25℃下，约经5~7天发芽，但不得低于15℃，低温将导致生长停止。当有2~5片真叶时移植1次。因属直根系，不宜多次移植。生长期需水多，尤其炎夏应注意充分灌水，应保持土壤湿润。至开花前应施稀薄追肥。花期要求通风良好，气温凉爽并稍遮荫则可延长花期。植株高大，肉质花序硕大者应设支柱以防止倒伏。

【用　途】 高型品种植于花境、花坛，矮型品种盆栽或作边缘种植。高型品种还是很好的切花材料，插瓶能保持10天以上或用于制作干花。

15. 凤仙花

(*Impatiens balsamina*)

【产地及习性】 原产于中国、印度和马来西亚。我国南北各地久经栽培。性喜充足阳光、温暖气候，耐炎热，怕霜冻。对土壤适应性强，喜土层深厚、排水良好、肥沃的沙质壤土，在瘠薄土壤上亦能生长。生长迅速。果实成熟后易开裂，弹出种子。有自播能力。花期6~9月，果熟期7~10月。

【栽培和管理】 种子繁殖，在21℃下种子发芽约经7天。

3～4月间种子播于露地或温室。苗期适温为16℃～21℃，经1次移植，即可定植或上盆，约经7～8周始花。生长开花期注意灌水，保持土壤湿润，每月施稀薄水肥2次。

【用　途】 宜植于花坛、花境，为篱边庭前常栽草花。矮性品种亦可进行盆栽。

16. 瓜叶菊
(*Cineraria cruenta*)

【产地及习性】 原产于加那利群岛和西班牙，为短日照喜光花卉，生长期需要阳光充足，否则植株易徒长且花少色淡。它喜温暖而又不耐高温，喜阳光又畏烈日暴晒，喜凉爽但又不耐寒，生长适宜温度在10℃～15℃。

【栽培和管理】 瓜叶菊宜在湿润、凉爽而且通风良好的环境中生长，培养土以疏松、排水良好并富含腐殖质的沙质土最为适宜。盆土可用腐叶土、园土、糠灰或厩肥按2∶2∶1的比例配合，pH值以6.5～7为宜，空气相对湿度60%～70%。瓜叶菊叶片大而薄，需保持充足水分，并经常向叶面喷水，注意通风和光照充足，防止植株徒长，开花不良。瓜叶菊喜肥，生长期可每隔10天左右施1次稀薄饼肥水，观赏期可叶面喷施0.2%的磷酸二氢钾溶液，以促使花繁色艳，不宜多施氮肥，以免引起枝叶徒长，降低观赏性。待幼苗长出5片真叶时，可喷洒200倍比久溶液，半个月1次，连喷3次。花后，冠毛变白乍起时需要及时采收种子，阴干后用纸袋贮藏。

【繁　殖】 播种繁殖，7月下旬至9月份于浅盆播种，气温在20℃时约1周发芽，生长6个月开花。当真叶长出2～3片时及时进行第一次分苗，用口径10厘米的小盆，每盆3～5棵，分栽后浸水1次，放置阴凉处。缓苗期间每天用细眼喷壶喷水数次，至小苗长出5片真叶时，进行第二次分苗，并带土移植到口径10厘米的

小盆中，每盆1株，置于阴凉处，1周后可逐渐增加日照，以后每10天追肥1次，以利于生长。盆土要保持半湿，浇水不宜过多，过湿易引起徒长，待长到20厘米左右时可在大盆中定植。夏季高温多雨，幼苗要防雨淋，以防烂苗。

瓜叶菊易患白粉病，常受红蜘蛛、白粉虱、蚜虫为害，需注意防治。

【用　途】　瓜叶菊株形丰满，花朵紧凑，绚丽多彩、浓妆艳抹的花朵在冬、春季怒放，正值元旦、春节开花，高雅脱俗，倍添节日气氛，深为人们喜爱。

17. 金盏菊
(*Calendula officinalis*)

【产地及习性】　原产于欧洲南部。金盏菊生长快，适应性强，喜阳光充足和凉爽气候，耐寒，不耐暑热。以疏松肥沃、排水良好的土壤栽培为宜。在气候温暖、土壤肥沃的条件下，开花大而多，天热时花小。

【栽培和管理】　播种繁殖，发芽适宜温度为20℃～22℃。秋季9月份温室播种，约3个月开花。春季播种，约2个月开花。幼苗3片真叶时分栽上盆，并摘心1次，促使其分枝，增加花朵。置于阳光充足处，控制水肥，防止徒长。2～3月份加强水肥管理，促其开花。第一次开花后将残花剪除，能使侧枝二次开花，以延长花期。生长期易染黑霉病，并受白粉虱为害，需要注意防治。

【用　途】　金盏菊碧叶金花，非常美丽，是早春摆设花坛的好材料，也可用做切花。

18. 万寿菊
(*Tagetes erecta*)

【产地及习性】　原产于墨西哥及中美洲地区，各地广为栽

培。性喜温暖、阳光。亦稍耐早霜和半阴，较耐干旱。在多湿、酷暑下生长不良。对土壤要求不严。能自播繁殖。花期6～10月份。

【栽培和管理】 以播种为主。种子发芽适温21℃～24℃，约经1周发芽。70～80天后开花。扦插后约经2周生根，1个月后开花。幼苗具有2～3片真叶时经1次移植，待有5～6片真叶时定植。苗期生长迅速，对水肥要求不严，只在干旱时适当灌水。植株生长后期易倒伏，应设支柱，并随时摘除残花枯叶。施以追肥，促其继续开花，留种植株应隔离，炎夏后结实饱满。

同属常见栽培的还有孔雀草，茎多分枝，细长，洒紫晕。头状花序，径约2～6厘米，舌状花黄或橘黄色，基部具紫斑。细叶万寿菊，叶羽裂，裂片12～13枚，线状。头状花序径约2.5～5.5厘米。花黄色，有矮生变种，株高20～30厘米。

【用　途】 宜植于花坛、花境、林缘或做切花。矮生品种作盆栽。

19. 雏　菊
(*Bellis perennis*)

【产地及习性】 原产于西欧、地中海沿岸、北非和西亚。性喜冷凉，较耐寒，忌酷热。当地表温度不低于3℃～4℃，可露地越冬。重瓣大花品种耐寒力较差。要求富含有机质、湿润、排水良好的沙质土壤。在全日照下生长良好，也可稍遮荫。花期暖地为2～3月，寒地为4～5月。花后种子陆续成熟，以5月采种为宜。种子发芽力可保持3年。

【栽培和管理】 以播种繁殖为主。一般为秋播。种子发芽适温为22℃～28℃，能自繁，喜光。约需5～7天出苗，由于实生苗易生变异，一些品种也可于花后分株繁殖。在夏凉冬暖地区，调节播种期，可周年开花。当2～3片真叶时进行1次移植，4～5片时

定植。生长期不可缺水，尤其遇干旱时应特别注意灌水。花前约每隔15天施追肥1次。冬季注意防寒，防土壤过湿。冷床育苗春季注意通风炼苗。

【用　途】　适植于花坛、花境边缘，或于岩石园与球根类混栽。在适宜的环境条件下也可植于草地边缘，还可盆栽。

20. 百日菊
(*Zinnia elegans*)

【产地及习性】　原产于南、北美洲，以墨西哥为分布中心。世界各地广为栽培。性强健，喜温暖阳光，较耐干旱与瘠薄土壤，但在较肥沃土壤与水分供给良好的情况下，易提高花的质量并使花色鲜艳。花期6～10月。

【栽培和管理】　以播种繁殖为主。种子发芽适温22℃～26℃，种子发芽率在60%左右。也可扦插。扦插选用嫩枝于夏季进行，应注意防护遮荫。种子在24℃时约经5～7天出苗。在人工控制条件下，夜温保持在10℃，日温16℃～17℃，幼苗生长健壮。当具有3～4片真叶时进行摘心促其分枝。供切花栽培时不仅不摘心，还应抹除侧芽和侧枝。夏季地面宜覆草，以保持土壤湿润，降低土温。生长期多施磷、钾肥。株型高大的应设支柱以防止倒伏。供留种用的植株应行隔离，以免品种间混杂退化。忌连作，以防病虫发生。雨季结果不佳。瘦果成熟后及时采收。

【用　途】　花期长，园林中常植于花坛、花境，成丛栽植或盆栽，高性品种用做切花。

21. 翠　菊
(*Callistephus chinensis*)

【产地及习性】　原产于我国。要求干燥凉爽的气候和向阳通风的环境，忌夏季烈日和炎热。喜肥沃、排水良好的土壤。

【栽培和管理】 播种繁殖。多于春季播种，发芽适温18℃左右，10天左右出苗，移植1～2次后定植或上盆，株距约20厘米。忌连作。夏季烈日下需适当遮荫。在炎热环境中，生长不良，花期延迟。花前增施磷、钾肥，可使花大色艳。翠菊易感猝倒病(立枯病)，应注意防治。

【用 途】 用于布置花坛。盆栽、做切花均宜。

22. 蜡 菊

(*Helichrysum bracteatum*)

【产地及习性】 原产于澳大利亚。喜温暖和阳光充足的环境，不耐寒，忌酷热。要求湿润、肥沃、排水良好的黏质壤土。

【栽培和管理】 播种繁殖。于春季播种，发芽适温15℃～20℃，1周左右出苗，幼苗经1次移植后，待长有7~8片真叶时定植。为促其分枝多开花，生长期可摘心2~3次。花期长达3~4个月。种子应及时采收，以防止散落。

23. 花环菊

(*Dendranthema carinatum*)

【栽培和管理】 播种繁殖。9～10月份播种，发芽适温20℃。播后应保持土壤湿润，约1周出苗。待有6~8片真叶时移植或上盆。幼苗需防寒。春季生长盛期摘心1次，促其分枝并矮化植株。花前追施磷、钾肥，以促其开花。

【用 途】 花环菊花色美丽。盆栽。既可用于布置花坛，又可做切花或干花。

二、宿根及球根花卉

1. 芍　药

(*Paeonia lactiflora*)

【产地及习性】　原产于我国北部、日本和俄罗斯。耐寒性强，喜光，畏风和土壤积水。喜夏季冷凉气候和阳光充足的环境，在夏季炎热地带生长不良，宜稍阴环境。不耐盐碱，要求土层深厚、疏松肥沃、排水良好的砂壤土。

【栽培和管理】　通常采用分株法繁殖。分株必须在秋季落叶时进行，此时养分已贮藏在地下部分，新芽已形成，有利于根系的恢复。分株时，小心挖出肉质根，顺缝隙用利刀劈开，每丛要有3~5个芽，注意不要碰伤芽嘴，用草木灰、硫黄粉涂抹伤口，以防止病菌侵染引起腐烂，稍阴干伤口2~3天后栽植，定植距离一般为70厘米×90厘米，栽植深度以芽头与土面相平为宜，过深生长不良，过浅根颈露出地面，夏季暴晒易死亡。如土壤湿润，不必浇水，以免伤口腐烂；如土壤过于干燥，可适当浇水，以保持土壤湿润。最后培土10厘米防寒越冬。

春季嫩芽出土前需要扒去培土，根据墒情可适当浇水，并中耕除草。芍药好肥，在现蕾、孕芽时需要及时追施磷、钾肥或浇灌腐熟的饼肥、粪肥水。霜降后结合封土施1次含氮、磷、钾的有机肥做冬肥。为使花大色艳，于4月份现蕾后摘除侧蕾，使养分集中供应于顶蕾，开花时花头易下垂，引起倒伏，可立支柱扶持。花后除留种外，一般都将果实剪掉，以减少养分的消耗。霜降后，地面部分枯萎，这时应剪去枝干，扫除落叶，同时施冬肥，并封土。芍药病虫害主要有黑斑病、白绢病、锈病以及蛴螬、蚜虫等，应及时防治。

芍药除分株繁殖外，还可以播种和扦插。芍药种子寿命不长，

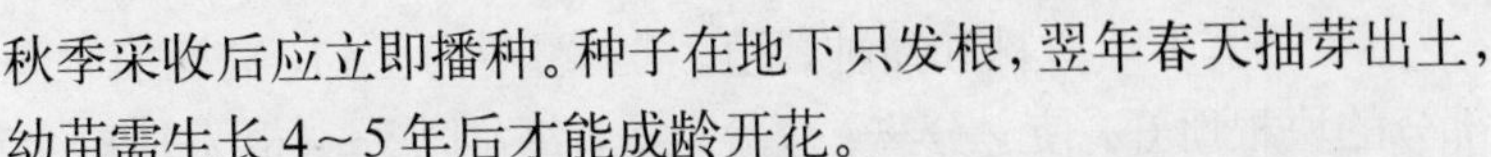

秋季采收后应立即播种。种子在地下只发根，翌年春天抽芽出土，幼苗需生长4~5年后才能成龄开花。

扦插分根插和枝插。根插是秋季分根时，将搜集的芍药断根，切成5~10厘米的小段，插入10~15厘米的沟中，上面覆5~10厘米厚的细土，浇1次透水即可。适于枝插的时期是在开花前约两周，取茎的中间部分2~3节，插于温床内沙层中约3~4厘米深处，遮荫并每天对插穗喷水保持湿润，经过50~60天就能生根成活。

【用　途】　芍药枝叶繁茂，花大色艳，花容绰约，非常美丽。适用于布置花坛、花境或做切花，也可与牡丹一起布置专类园。

2. 花毛茛
(*Ranunculus asiaticus*)

【产地及习性】　原产于土耳其、叙利亚等中东地区至欧洲东南部地区。喜阳光充足的环境和冷凉的气候，好肥，喜湿润，忌水渍，不耐干旱，畏霜冻，耐半阴，忌湿热。要求疏松、肥沃而且排水良好的土壤。10月份萌芽出苗，进入生长期，翌年春季开花，花谢后地上部分逐渐枯萎，6月后休眠。

【栽培和管理】　花毛茛栽后置通风良好的北向阳台或窗台半阴处培养，冬季时移至南向阳台。早春2月是花毛茛旺盛生长季节，此时追施3~4次腐熟的饼肥水，促使花蕾分化。现蕾初期进行疏蕾，每株保留3~5个健壮花蕾，只要秋凉后及早栽植，少施氮肥，多施磷、钾肥，在花蕾分化前适当控水，则可提前在春节前开花。3~4月盛花，5月花谢后植株逐渐枯萎，6~8月高温时进入休眠期，可将种根从花盆中挖出，连根沙藏越夏，也可留盆中越夏。花谢后及早停止浇水，移入室内阴凉通风处，让盆土自然风干，以防止水湿闷热烂根，直至秋凉后再分株盆栽。主要虫害有根蛆、潜叶蝇，病害有根霜病，需及时防治。

【繁　殖】　分株和播种繁殖。分株于9月上旬，将带有根茎部分的块根掰开，使之分离，分盆栽植，每盆以3～4根为1株，选用口径20厘米的瓦盆，盆土以富含有机质、排水良好的砂壤土为宜，并掺入5%的腐熟饼肥或粪干做基肥。栽植宜浅，以根部入土为准，选择生长良好的优良品种为母株，加强水肥管理，于6月种子成熟时采收并阴干，贮于干燥阴凉通风处，于秋季播种繁殖。

【用　途】　花毛茛株小花大，花形丰满，花色丰富，多盆栽供早春观赏，也可做切花。

3. 睡　莲

(*Nymphaea tetragona*)

【产地及习性】　广泛分布于亚洲、美洲、澳洲等地。喜光，在光照不足的环境里长叶不开花，喜水湿和高温，喜肥水，要求富含腐殖质的黏土。4月份萌芽，5月份孕蕾，6～8月份为盛花期，10～11月份为黄叶期，11月后进入休眠期。

【栽培和管理】　睡莲多行分株繁殖。3～4月份气候变暖，芽开始萌动时，将地下茎掘起，挑选有芽的部分，将块茎切成6～10厘米长，平栽于水池或缸内，芽向上与土面平齐，不宜过深，栽好后稍晒太阳，即可放水。开始水位宜低，随着温度上升，芽萌动、展叶，逐渐加深水位，一般保持水深20～40厘米；生长旺盛的夏季，水可深些，保持50～80厘米即可。置于通风向阳的地方，2～3年更新1次。生长期宜施追肥1～2次，7～8月进行，将饼肥、过磷酸钙、尿素等混合，用纸包成小包，塞入离植株根部稍远的泥土内，生长期及时剪除残叶残花，以免污染池水，要防止水苔滋生，水苔对睡莲生长为害严重，可用硫酸铜防治，每立方米水用硫酸铜1～2克。

睡莲也可播种繁殖。为取得种子，可于花后用布袋将花朵包上，以防止果实成熟后在水中开裂散失种子，种子收集后需要放于

盛有水的三角瓶中，置25℃～30℃温箱内催芽，每天换水1次，约2周萌发，然后种于温室花盆内，将盆浸入水中，水面高出盆土1厘米左右。出叶后随着茎叶的生长逐渐增加水的深度，并置于露天进行正常养护。

【用　途】　睡莲花叶均美，艳花翠叶泱泱于清水之间，每到夏季繁葩频攒，此起彼伏，非常美丽，为著名的夏季水生花卉。

4. 荷　花
(*Nelumbo nucifera*)

【产地及习性】　原产于我国和亚洲热带地区及大洋洲。荷花喜湿怕干，要求相对稳定的静水，水深以0.3～1.2米为宜，不可过深。喜热，生长适温(水温)为20℃～30℃，低于15℃生长停滞。喜光，不耐阴，适宜于富含有机质的肥沃黏土中生长。pH值以6.5为宜。

【栽培和管理】　荷花可池栽、缸栽。一般用整枝主藕作种藕(保护好顶芽)，多于5月份栽植。池塘栽植时，先把池水放干，将池泥翻整耙平，按每平方米2千克的量施足有机基肥。将顶芽朝上，按1米×2米的株行距，呈20°～30°角斜插入泥中，并让尾节翘露出泥面，覆土10厘米，放水深度20～30厘米。缸栽时，容器可用敞口浅底的荷花缸，栽培用土可用肥沃的塘泥或稻田土，每缸以鸡毛200克，腐熟发酵豆饼500克做基肥。先往缸底放入培养土5厘米，然后加入一层基肥一层土，最后在基肥上面再放一层土，厚约3～5厘米，种藕须3节以上，先端有完好健壮的顶芽。将种藕平放在表土上，先端略高，覆土约8厘米厚。先端顶芽应露出泥土表面，如多条种藕，应靠缸边安排。置阳光充足处，加水8厘米深。栽种初期，水不宜过深，因浅水有利于提高水温，对莲苗生长有利。以后随着钱叶、浮叶、立叶的生长，逐渐提高水位，但最深不得超过1.5米，否则长势不良。缸栽的夏季应1～2天加水1

次，防止干燥。生长期间不可缺水而使泥土干燥，否则叶子枯焦，生长停滞。若缺水10天左右，种藕便会死亡。若基肥充足，一般不施追肥，如生长期间荷叶黄瘦，可追肥促壮，施速效氮肥和腐熟有机肥均可。荷花生命力顽强，但须防止杂草侵害。秋末冬初，荷花停止生长，进入休眠，需保持浅水防寒，入冬前，将水位加深到1米以上，防止冻害。北方缸、盆种植者则应移入室内越冬。

荷花易患腐败病和叶枯病，导致叶片黄化，变褐、全叶枯死。可每半个月喷50%多菌灵或甲基托布津可湿性粉剂800倍液防治。

【繁　殖】　播种或分藕繁殖。播种前需用刀将莲子凹进的一头破一小口或用锉刀将莲壳锉破，露出种皮，然后浸入清水中3～5天，水深以浸没莲子为度，每天换水1次。待莲子吸足水膨胀后，长出2～3片幼叶时栽入盛有沃泥的水盆钵中。池播也要先进行破种处理并浸种，然后撒播于水深10～15厘米的池塘湖泥中。1周后发根萌叶，一月后浮叶出水。分藕繁殖，池栽可用整株主藕做种藕，缸栽时根据容器大小，主藕、子藕、孙藕都可选用，但均需有完整无损的顶芽，在水温15℃以上时栽植。

【用　途】　荷花全身是宝，经济价值颇大。作为观赏植物，花叶俱美，清香四溢。碧叶翠盖，花色艳丽，出污泥而不染，濯清莲而不妖，气节高雅，深得人们喜爱。用于点缀水景，秀色宜人，赏心悦目。池栽、缸栽、盆栽均可，别具情趣。

5. 大岩桐

(*Sinningia　hybrida*)

【产地及习性】　原产于巴西。喜温暖、湿润及半阴的环境，好肥，忌阳光直射，怕雨淋。生长适温为18℃～20℃，冬季休眠时需要保持干燥，湿度过大球茎易腐烂。

【栽培和管理】　以播种繁殖为主，多在8～9月份进行。播种

宜选疏松、肥沃、排水良好的微酸性腐叶土，保持土壤湿润和18℃～22℃的温度。约10天出苗，具2～3片真叶时进行第一次移植，5～6片真叶时进行第二次移植。植株长大时定植于口径为15～20厘米的瓦盆中，经常喷雾，保持较高的湿度，叶面要清洁，生长期每10天施1次稀薄饼肥水，应防止肥水污染叶面引起腐烂。一般从播种到开花约需6个月。

扦插可分为芽插和叶插。芽插于老茎春季萌发时进行，除留球茎中央1个主芽外，其余的侧芽剥下均可扦插。插后罩以塑料薄膜，保温保湿，约15天即可生根。叶插于花后进行，选择健壮的叶片，连同叶柄一起切下，修去叶边并割断叶脉，将叶柄斜插于湿沙中，使叶片与沙子接触，遮荫保湿，约20天从伤口处可形成小球茎，以后分别切割上盆。分割球茎可于早春老茎发芽时进行，按球茎顶端新芽的数目切割成若干块，每块要有1个芽，伤口处用草木灰或硫黄粉涂抹、晾干，隔天上盆栽植。栽植时，球茎顶芽应与土面平齐，不可过深，芽高3厘米时，应及时剥去侧芽，只留中央1个粗壮芽，以后每周追肥1次，并适当遮荫，约5个月可开花，植株休眠后应停止浇水。这时，可将球根从盆中取出，埋藏于室内微湿的沙中，冬季最适贮藏温度为10℃～12℃，低于5℃易受冻害。

【用　途】 大岩桐花大色艳，姹紫嫣红，婀娜多姿，艳丽迷人，花期长，盆栽观赏极为别致。

6. 菊　花

(*Dendranthema morifolium*)

【产地及习性】 原产于我国。属短日照、阳性植物。菊花适应性强，喜凉爽气候和空气流通，较耐寒；生长适温18℃～21℃，最高32℃，最低10℃，地下根茎耐低温极限为－10℃。喜光照充足，也稍耐阴，较耐干旱，最忌水涝和连作。要求地势高燥、土层深厚、富含腐殖质、疏松肥沃、排水良好的砂壤土。适宜pH值为

6.5～7。

【栽培和管理】 菊花长势强，易徒长，后期易分枝并产生大量侧蕾影响株形和开花。因此，在栽培中需做到以下几点：①及时换盆换土。盆栽菊花用土要选用疏松、肥沃的砂壤土，可用腐叶土、园土、河沙各1/3并加入少量饼肥末和过磷酸钙做基肥。随着菊花生长，应及时换盆，逐步增大盆径，在生长过程中，至少应换盆3次。小苗用小盆，花芽分化前再换入口径约20厘米的筒子盆中定植。②适时适量浇水。为使菊花长得矮壮，节密，叶厚，应控制浇水，免得徒长，仅需满足其蒸发所需即可。浇水时间最好在早上，晚上浇水易使枝叶疯长。如天气过于干燥，可在叶面喷水。苗期应控制浇水蹲苗，促进根系发育。雨季注意排水防涝。③适期控肥。菊花喜肥，但施肥过多易引起徒长。因此，施肥要适时适量。除上盆时施基肥外，追肥不可过早，一般立秋后从孕蕾开始到现蕾时止，每周施1次腐熟的饼肥水或复合化肥，要以磷、钾肥为主，勿施氮肥。在花含苞待放时，叶面喷施0.1%的磷酸二氢钾溶液，可使花朵更大，色彩更艳丽。④及时摘心整枝。菊花顶端优势较强，需及时摘心，促发侧枝，既可有效地抑制株高，又可使株形丰满。根据生长情况及造型需要，一般需摘心2～3次。菊苗定植后，留3～4片叶进行第一次摘心，促发2～3个侧枝；待侧枝长出4～5片叶子时，每个侧枝再留2～3片叶子进行第二次摘心，这样即可培育出能开4～9朵花的多头菊。若再摘心，则开花更多。7月份后一般不再打顶，可视生长情况喷施0.1%比久或浇灌0.05%多效唑溶液，以抑制其生长，使之矮壮、丰满。⑤抹芽疏蕾。8～10月份，菊花腋芽旺长，侧蕾增多，可及时用镊子尽早摘除，以集中营养供应顶花。⑥留芽越冬。11～12月份花谢后，将母株连同盆土从盆中脱出，修去土坨周围的须根，挨坨假植于露地阳畦内，栽植深度以盆土高度为宜，把土贴实，剪去枝干，浇足冻水，覆盖麦秸或牛粪保温防冻。翌年春解冻后，搂去覆盖物，加强水肥管

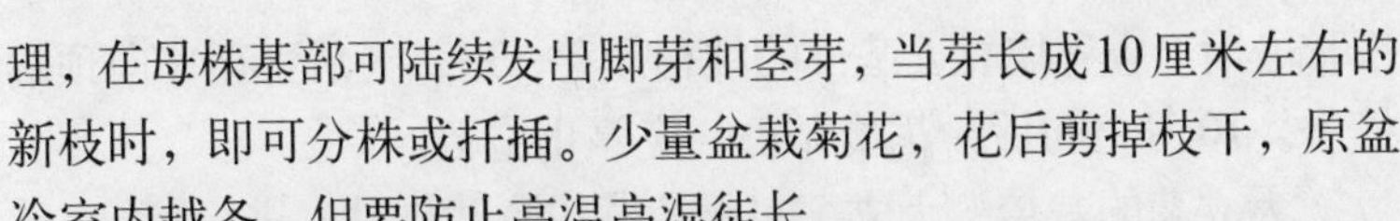

理，在母株基部可陆续发出脚芽和茎芽，当芽长成10厘米左右的新枝时，即可分株或扦插。少量盆栽菊花，花后剪掉枝干，原盆冷室内越冬，但要防止高温高湿徒长。

要使菊花提早开花，在生长期每天只给8～10小时光照，则70～80天可开花。遮光时间以早晚为宜，且遮光要严格，不能中断。要延迟开花，可在9月上旬每晚给以3小时电灯照明，在停止光照后生蕾开花。也可把将要开花的植株移入4℃～5℃的冷室内抑制开花，若需开花时可提前20天转入自然温室中催花。菊花在长日照条件下进行茎叶营养生长，夜间黑暗与10℃左右的夜温适于花芽发育。

以下介绍菊花3个品种的培育方法。

案头菊的培育：选用花形丰满、茎秆粗壮、叶片肥大的大花矮生种，如金狮头、帅旗、绿云等。于7月初选取芽头丰满的顶芽，长约7厘米，用刀切下，扦插在沙床上，插后浇足水，放在通风向阳处，并遮荫，每天喷水2～3次，2周后即可生根。等根系粗壮后，用培养土上口径10厘米的筒子盆，加强光照和水肥管理。每周浇2次腐熟的饼肥水或0.2%的复合化肥水。一般在午前浇水，午后可叶面洒水。为使菊苗粗壮矮化，应及时喷洒矮壮素比久，上盆后可用2%比久水溶液喷洒顶心，以后每10天喷洒1次，直至现蕾为止。

悬崖菊的栽培：选用小菊系的品种，应为分枝多、开花茂盛、顶端优势强的品种，如满天星、小黄菊、天津粉等。先要育苗，在10月下旬至11月上旬选定品种，挖取老菊脚芽，插于苗床，在14℃～18℃下约20天左右可生根。翌年1月上盆定植，置于光照充足处，进行正常水肥管理，促进生长。摘心整枝应在苗高约15～20厘米时开始，以3个顶芽作为主枝，让其发展，引导伸长，以后多在侧枝摘心。主枝上的侧枝长出4片叶子时，就连嫩茎摘去先端的2片叶，促使再生新枝，以后如法摘除，直至8月底作最后一

次摘心时，应先摘靠近基部的枝梢顶芽，3~5天后再循序向顶端摘去。10月中旬后，花蕾显色，应停止施肥。

大立菊的栽培：大立菊可用黄蒿或青蒿作砧木进行嫁接。秋末采蒿种，冬季在温室播种，或3月间在温床育苗，4月下旬苗高3~4厘米时移于花盆中，5~6月间劈接。接穗应选择花期相近、花形丰满、花色谐调的品种。嫁接时，根据砧木的长势。从下部枝条开始依次向上逐枝嫁接。砧木枝条要老嫩适度，把枝条上端截去，留6~12厘米，截口髓心稍呈白色较适合。嫁接最好选在天气晴朗、无风的上午进行，采8厘米左右的菊花顶枝做接穗，上部留3~4片叶子，其余的去掉；在离顶端5~6厘米处，从侧面向下削成楔形，把切口含在口中以防止干燥。然后在砧木待接侧枝上截去上端部分，切口要平，在横切面中央纵劈1刀，深约2厘米，把接穗迅速嵌入砧木切口中，用麻绳或塑料条扎紧，接完第一层侧枝后，过10余天再接第二层侧枝，依次向上接第三层、第四层等。这样能培养成塔形大立菊，如要将花朵设计在1个球面上，就要早打砧木主顶，促发大量侧枝，并在一个球面上一次嫁接完成。接后要浇透水并置遮荫处，8~10天后伤口即愈合。接穗成活后先抹去砧木侧芽，并移至向阳处养护，3周后把砧木叶子全部摘去。6月份先期嫁接的，成活后立即摘心促发侧枝，而后再与后期嫁接的接穗一齐摘心，使其花期一致。当出现花蕾时，要根据造型设计，用竹竿当支架，套上竹圈或铁丝圈，把花按设计要求固定在竹圈或铁丝圈上，如此即可培养出造型壮观、别致，开花几百朵至上千朵，花色各异的什锦菊。

菊花易患白粉病、黑斑病、褐斑病、根腐病，易受蚜虫、红蜘蛛、白粉虱为害，需注意防治，夏季注意防雨、防涝。

【繁　殖】　菊花可扦插、嫁接、分株或组织培养繁殖，通常用扦插和分株法繁殖。扦插多采用芽插法，即在秋、冬季切取植株基部芽头丰满的脚芽扦插。脚芽切取后，剥去下部叶片，按3厘米×

4厘米的株行距插于温室或大棚内的花盆或插床粗沙中，保持湿润和7℃～8℃的室温，春暖后移至室外培养。也可于5～7月份切取嫩梢扦插。分株是将越冬母株于春天四周萌发的幼株分株另栽的方法。一般于4月下旬将植株掘起，依根的自然形态带根分开，另行栽植。

【用　途】　菊花为我国十大名花之一。品种繁多，色彩丰富艳丽，花形多变，姿态万千，极具观赏价值。多行盆栽，为秋、冬季观赏的著名花卉，也是四大切花之一。

7. 大丽菊
(*Dahlia pinnata*)

【产地及习性】　原产于墨西哥、危地马拉、哥伦比亚等热带高原地区。喜温暖向阳，而畏酷暑，不耐寒，生长适温10℃～30℃。喜光照但又怕夏季中午烈日，不耐干旱，也怕水涝。夏季生长期要求凉爽、高燥、昼夜温差大。适宜疏松、肥沃、排水良好的砂壤土。忌连作。

【栽培和管理】　一般在4月下旬，气温达15℃时种植。种植不宜过深，否则易烂根。深度以块根低于土壤表面2～3厘米为宜。大丽菊夏季怕干旱，浇水后应结合中耕，以保持土壤湿润，否则会影响生长和开花。待球根已长大成熟，即将进入休眠期时，土壤保持干燥，使枝叶停止生长，以免遭寒害。大丽菊耐肥，生长期每半个月追施饼肥1次。为促使大丽菊多生分枝，不断开花，需进行整枝，一般分枝力强的要摘心，应随时去掉叶腋新生的幼芽，但茎秆基部四对叶腋所生的幼芽要保留，不要掰去，待到主枝开花后，可从该部的上方将主枝剪掉更新，培养基部腋芽形成的侧枝继续生长开花。分枝力强的可在植株长出4对叶片后摘心，借以促使侧枝迅速生长。花谢后，保留各残花枝条基部的2对叶片，将上部剪去，使其再生侧枝开花。同样，需注意将每个新生枝条上长出

的腋芽随时掰除，顶端只留1个花蕾，以保证花朵硕大，如欲培养独本菊，当定植苗长到30厘米高时，将所有侧芽全部剪除，只留主枝，并追施液肥。若条件适宜，大丽菊生长迅速，通常采用施肥控水的方法使其矮壮，使其株矮花大，以提高观赏价值。对地栽植株需及时设立支架，以防止倒伏。冬季地上枝叶枯死后，需将块根掘出晾晒数日，放温室内越冬。盆栽植株剪掉枝叶后，停止浇水，放室内越冬，越冬温度需保持5℃以上。大丽菊夏季易患白粉病、叶斑病，易被蚜虫、红蜘蛛、食心虫及金龟子为害，需注意疏叶通风；出现病害时，用50%托布津可湿性粉剂1000倍液喷洒；发现虫害时，用40%三氯杀螨醇乳油1000倍液喷洒。

【繁　殖】　分根或扦插繁殖。分根是在早春栽种前，先把块根假植于沙土中，在20℃左右的温度条件下催芽，块根萌发新芽后分割栽植。把已经发芽的整个块根仔细分开，每个块根至少带1个芽，芽点朝上平放穴内，覆土厚约6厘米，稍加镇压，然后浇水。株行距40厘米×80厘米，不需经常浇水，要注意防涝。大丽菊喜肥，特别是钾肥，应在生长期间以较低浓度多次追施。植株长到30厘米时应设立支架，防止茎秆被风吹折。也可于生长季节剪取嫩枝扦插繁殖。6月中旬至翌年1月都可进行扦插。早熟品种6月中下旬扦插，国庆节前开花；9月中下旬扦插，元旦可开花；晚熟品种宜在春节前150天扦插。春季利用大丽菊根茎萌发的嫩芽，待芽长至6～7厘米时，从基部掰下；夏、秋季可用主茎上未现花蕾的健壮侧枝作为插穗，长6～7厘米时，用干净的快刀自分杈处切下或掰下。然后埋入备好的花盆或苗床中(可用园土)，埋入深度为插穗的一半，浇水、遮荫或用塑料薄膜保湿，保持18℃～22℃的温度，约30天可生根成活，再过15天左右，就可带土移栽到阳光充足和水肥充足的地方，进行正常养护。为适应花盆矮化栽培，可于植株上花蕾已形成，但尚未显现，只有分开心叶才能看到花蕾时截枝扦插，即可培育出高仅尺许、花大色艳的矮化大丽

菊。

同属栽培的还有小丽菊，其形态特征和大丽菊相似，但植株矮小，株高仅30～40厘米，一个总花梗上可着生数个头状花絮，花色丰富。多行播种繁殖，从播种到开花约需60天。

【用　途】 大丽菊植株高大，花繁朵大，色彩艳丽，既可以布置花坛、花境，也可以于庭院散植，还可盆栽或做切花。

8. 非洲菊
(*Gerbera jamesonii*)

【产地及习性】 原产于南非。喜冬季温和，夏季凉爽、阳光充足、空气流通的环境，生长适温20℃～25℃，低于10℃则植株停止生长，进入休眠。不耐水湿和霜冻，要求疏松、肥沃、深厚、排水良好的酸性土壤，适宜pH值为6～6.5。

【栽培和管理】 非洲菊喜肥，生长期应充分供应水肥，但切忌水、肥污染心叶与花蕾，否则易引起腐烂。通常每2周追施饼肥水1次。孕蕾前适宜追施磷酸二氢钾1次，生长期光线不足或空气流通差，植株叶片易变黄，花小色深，花茎柔弱，花朵下垂，冬季若温度保持在12℃以上，植株呈缓慢生长状态，则适量供应肥水，即有花形成。

非洲菊最适宜的切花时间是在最外轮的花雄蕊已散出花粉时，如过早切下的花易凋谢。及时清除残枝败叶，以利于通风透光、清洁卫生和防治病虫害发生。非洲菊易生白霉病，需要空气流通，并在地面上撒布硫黄粉。如发现白色病斑，可喷施500倍代森锰锌溶液防治，每周1次，连喷3次。

【繁　殖】 播种或分株繁殖。种子发芽最适宜温度为21℃～23℃，约15天出芽，种子播后要有覆盖遮荫，防止阳光直射，但发芽后，要有适当的光照，可移植到日光下。幼苗期喜潮湿条件，但太湿或遭雨淋，则易死亡。幼苗具有2～3片真叶时移栽或定植，

移植时切忌将根颈埋于土表下，否则易引起根颈腐烂。地栽的应整地做垄，将植株栽在垄背上，栽后由垄沟灌水缓苗。定植后2～3个月可开花。播种繁殖的后代花形、花色易变，不能保持原有的品种的特色，故一般做分株法繁殖，可在4～5月或8～9月间进行，将盛花期已过的老株挖出，除去外部老叶，再把地下茎分切成4～5株，每株需带有新根和新芽。栽植时，应将新芽露出土面，并使根系舒展，以利于缓苗，恢复生长。也可采用组织培养法快速大量繁殖。

【用　途】　非洲菊花枝挺拔，花形圆整，花朵大而且颜色鲜艳，为重要的切花。切花花枝水养期长达2～3周。也可以盆栽观赏，碧叶红花，非常漂亮。

9. 百合花
(*Lilium spp.*)

【产地及习性】　原产于我国、日本、北美洲和欧洲的温带地区。喜冷凉、湿润和光照充足的环境，但忌夏季烈日酷暑。耐寒，喜肥，要求疏松、肥沃、排水良好、土层深厚的微酸性土壤，忌硬黏土，忌连作。生长适温为15℃～20℃。

【栽培和管理】　露地栽培多于9～10月份进行，土质以富含腐殖质、土层疏松深厚、能保持适当潮湿而又排水良好的砂壤土为宜。栽植深度约为鳞茎直径的3倍。早春的芽至开花前可追施有机肥1～2次，撒于土壤表面，然后耙入土中。也可按氮、磷、钾为1∶2∶2的比例追施复合化肥。生长期保持土壤湿润。夏季炎热干燥天气，应进行适当灌溉，并松土以防土表板结。花后停止浇水，促其休眠。

盆栽于秋季休眠后进行，盆土可按园土、腐叶土、河沙为3∶3∶2的比例配制，并添加骨粉或磷酸二铵做基肥，大盆每盆可栽3～4球，鳞茎应置于盆缘下10厘米处，待芽长出后及时添加盆

土，生长期间每1~2周施1次腐熟磷肥液或稀薄矾肥水。百合喜湿润，但浇水不可过多，否则磷茎易腐烂。花后剪掉枝叶，换盆后将整个花盆埋于室外背风向阳处的松土中越冬，以备翌年继续生长。

百合的种球需经冬季的自然低温方能结束休眠，于早春发芽，如果对种球进行人工变温处理，也可起到催芽的作用，以进行促成栽培，控制花期。其具体方法是在花后50天，将鳞茎掘起，用2%福尔马林溶液浸泡10分钟进行消毒，晾干后置于5℃~10℃的低温下处理45天，即可打破休眠，然后将处理过的种球置于室内沙床上，保持18℃~24℃进行催芽，1周后便可发芽。在温暖地区，9月开始定植，霜降前采取套袋、覆膜、罩棚等保暖措施，保证肥水供应，一般可于翌年2月见花。

百合易患灰霉病、软腐病、病毒病需注意防治。

【繁　殖】　于9月下旬用小鳞茎繁殖，培养2~3年后开花；也可于春季播种繁殖，覆土厚1~2厘米，约20~30天出苗，培养2~3年开花。也可采用鳞片扦插繁殖。采收充分成熟的、发育良好的百合鳞茎，用利刀将鳞茎基部切下，选肥大的鳞片于3~4月间插入填有肥沃砂壤土的苗床中，间距3~6厘米。一般插后15~20天，鳞片下端切口处即发生小鳞茎，自其下部生根。7月前后长叶，可施追肥，促其生长。一般1个鳞片可长小鳞片1~2个，培育成种球约需2~3年。凡能产生珠芽的品种，可于6月珠芽成熟时采收后沙藏，8~9月插于苗床，株距6厘米，栽植深度3~5厘米。盖沙厚约3厘米，上面遮盖稻草，培养3~4年可开花。

【用　途】　百合株形优美，花艳姿丽，色香俱备，清香宜人，可布置花境或点缀林间草地，也可盆栽。麝香百合、大王百合植株挺拔，花姿雅致，花朵秀丽、芳香，最适宜做切花。

10. 郁金香
(*Tulipa gesneriana*)

【产地及习性】 原产于地中海沿岸以及伊朗、土耳其等高山地带，我国新疆也有分布，其中以荷兰的郁金香最为驰名。耐寒性强，忌暑热，怕水涝，喜夏季凉爽、稍干燥、向阳或半阴的环境，要求富含腐殖质、排水良好的沙质土壤，忌低温黏重土壤，生长适宜温度为15℃～20℃。夏季高温时休眠。其生长过程是：10～11月栽植，翌年2月下旬发芽出土，在春季新芽伸长之前，需要9～12周的5℃～9℃的低温阶段，3月中旬现蕾，4月份为盛花期，5月下旬至6月为更新鳞茎和种子成熟期，7月为休眠期，8月为花芽、子球生长点分化期，9月以后可以再次种植。

【栽培和管理】 露地栽培，多于9～10月份选择背风向阳、土层深厚、地势稍高的地方，施足基肥，深耕整地，按20厘米×15厘米的株行距栽植，覆土深度约为球高的2倍，栽后浇透水，以利于生根。北方寒冷地区，冬季可适当覆盖稻草、马粪等防冻，早春解冻后及时除去覆盖物并浇1次水，以利于发芽生长；生长期间保持土壤湿润，不干不浇，浇后中耕，在芽出土后施1次追肥，现蕾前再追施1次以磷、钾为主的饼肥，开花前可在叶面上喷施1次0.2%磷酸二氢钾溶液，能使花大色艳。初夏茎叶枯黄后挖掘鳞茎，阴干后贮藏于凉爽干燥处。盆栽多用于促成栽培，秋季上盆，用口径20厘米的瓦盆，每盆3球。上盆前需将鳞茎浸泡于多菌灵800倍液中消毒1～2小时，栽植深度使芽尖于土面持平，培养土用园土与腐叶土各半混合，浇透水将花盆埋入露地向阳处，覆土15～20厘米厚，经8～10周低温，根系充分生长、芽开始萌动时(12月上旬)，将花盆取出，移入温室，保持室温5℃～10℃，现蕾前将室温升至15℃～18℃，追肥数次后便可于春节前开花。也可选择直径4厘米以上的种球，经4℃低温冷藏40天，于春节前60天用小盆

盛培养土种植，春节即可开花。郁金香也可水养，方法同水仙，供室内观赏。

郁金香易染灰霉病、枯萎病和腐烂病，并易受土壤线虫为害，可喷洒600倍代森锰锌溶液防治，每7~10天喷施1次，连喷3次。

【用 途】 郁金香姿态端庄美丽，花茎刚劲挺拔，花姿高雅脱俗，深受人们喜爱，有世界花王之称。可用于布置花坛、花境，丛植点缀草坪，也可盆栽，还可用做切花。

11. 风信子
(*Hyacinthus orientalis*)

【产地及习性】 原产于南欧，地中海东部沿岸及小亚细亚一带。性喜凉爽、空气湿润、阳光充足的环境。较耐寒，忌炎热，喜肥。宜在排水良好、疏松肥沃的沙壤土中生长。花芽分化适温为25℃~26℃，花茎伸长期13℃，生长开花期22℃。具有秋季生根，早春萌芽，3~4月开花，6月植株枯萎进入休眠的习性。

【栽培和管理】 风信子常用分球法繁殖，于9~10月分割母球周围的小鳞茎另行栽植，培养2~3年可开花。也可于8月份晴天时，切割大球基部并置太阳下吹晒1~2小时，然后摊于室内风干，不久大球切伤部分可产生许多小子球，秋季分离分栽即可。露地多于9~10月份栽植，深度以土面盖住鳞茎顶端为宜，不可过深。栽植时施足基肥，开花前后再各追施1次，如盆栽可于9月份上盆，选择直径5厘米以上的种球，每盆3~4球，充分浇水后放露地向阳处培养，并保持盆土湿润。11月份发芽时将盆移入温室，保持温度5℃~10℃，开花前逐渐升温至22℃，并追施2次腐熟的饼肥水，春节即可开花。花后适当多施些磷、钾肥，以促进小球生长。6月份叶片枯黄后，将鳞茎从土中掘出，晾干后贮藏于室内阴凉处。

【用　途】 风信子植株低矮，整齐精致，开花早，花叶丰满，花繁色艳，芳香宜人，是早春布置花坛、花境和点缀草坪的好材料。同时，也适宜盆栽观赏，像水仙一样，也可水养。

12. 水　仙

(*Narcissus tazetta var. chinensis*)

【产地及习性】 原产于欧洲地中海沿岸。本变种分布在我国、日本等地。其中以我国福建漳州水仙最有名。喜凉爽气候，生长适温10℃～20℃，可耐0℃低温，鳞茎在春天发育膨大，在26℃以上高温和干燥条件下进行花芽分化。经过休眠的球茎，在高温下生根而不发叶，要待温度下降后才发叶，温度6℃～10℃时抽生花茎。在开花期，如温度过高会开花不良甚至萎蔫。喜光照，好肥水，如缺水则生长不良。水仙秋生长，冬开花，春贮养分，夏休眠。其生长发育阶段可分为营养生长期、鳞茎膨大期、花芽分化期和开花期。中国水仙需经过2～3年的种植才能开花。

【栽培和管理】 家庭莳养水仙多于春节前从市场上购买能开花的商品鳞茎球，中央一大球，两侧具若干小侧球。一般鳞茎越大，越饱满坚实，质量越好，开花越多。家庭多水养，水养时间根据花期而定，一般从水养到开花需要40～50天的时间。水养时，先剥去鳞茎上棕褐色的外表皮，用小刀刮去基部的枯根，然后在鳞茎中心芽两侧自上而下各劈切1刀，长约2～3厘米，深度以不伤叶芽为宜，以利于花芽同时生出。切后把鳞茎放清水中浸泡1昼夜，取出后擦去伤口黏液，直立放置于浅水盆中，四周用小石子或卵石固定。盆水加至水仙头高度的一半，开始每天换1次水，以后3天换1次水，花前每周换1次水。栽好后每天要在太阳下晒，晚上把水倒掉，第二天加水再晒。长时间日照能抑制叶片生长，有助于花莛伸长。室温保持15℃～20℃，约40天即可开花，如想使之提早开花，可在盆中加25℃的温水，移入较暖的房间或用塑料袋罩住；

如想推迟花期，则可在盆内加冷水或放置低温处。栽培过程中要多见光，促使叶肥花美，植株矮壮，姿雅味香。一般不施肥。要防止高温、阴暗导致叶片徒长。

水仙花谢后，可上地栽植，以后夏季休眠期挖出收藏，秋季再种，经过3年又可上盆水养开花。

【水仙的雕刻造型】 水仙享有“有生命的艺术品”的美誉。由于它可以用作别具一格的雕刻艺术造型，故能在群芳中独树一帜，中外驰名。常见造型有以下几种。

一是茶壶水仙。选择两侧都带小仔球的母球，形状像茶壶样子的水仙头1个，母球顶端横切削平，中间下刀挖空，深度以能见花芽为止。挖时要小心，切勿挖伤花苞。而后将叶片削去一半，并在花梗部位轻扎1刀。待其开花时，将其一侧小球的叶片剪掉，留基部叶鞘筒，如同茶壶的嘴，把另一侧小球的叶片向母球这边下弯成1个圈，用竹签和母球的鳞片接插在一起，成为茶壶的把手，母球上的花就像茶壶盖。

二是蟹爪水仙。先把水仙头的褐色外皮去掉，在球的腹下部用刀尖割一弧线，再在侧肩部各竖割一直线，将弧线上的鳞片层层剥去，直剥至显出花芽、叶芽为止。以后在叶芽之间的鳞片用刀尖剔除，再用刀尖斜切叶苞片，直剥至露出黄绿色叶芽为止。然后用手指轻轻用力将其叶尖部叶片略分开，随后用刀将其叶两边各切1刀，幅宽为叶芽的1/3，将花莛茎部切1/5，而后经过水养，花芽、叶芽弯曲生长，状似蟹爪。

三是鸟形水仙。先取较大母球而只带一边小球的水仙头1个，小球不刻，任其生长。将母球的一半鳞片剥去，平稳均匀地削去头一片叶缘的1/3，其他叶也削去1/3，花茎削去1/5，留下母球的另一半鳞片作为后壁。然后将小球茎长出来的叶片剪去一截，留下的一截小球茎作为鸟头。随后在两片叶间装上1个玻璃珠当作眼睛，这样再配上母球中头一枝叶芽构成的鸟尾，便成了1只活

灵活现的“鸟”了。

四是花篮水仙。选取两侧各带小球的肥大母球1个，两侧小球不刻，任其生长。母球在其上部1/3处环割1周，然后把上面的鳞片一层一层地剥除，直到黄绿色叶芽显出为止。用蟹爪的雕刻法将各个幼叶的叶缘一侧切去叶宽的1/4至1/3，使叶子生长弯曲，在花芽茎部也削去一小片，使花莛生长弯曲，用清水浸泡，洗去黏液，放入合适的水盆中水养。当小球的叶生长到适当长度时，用丝带将两侧叶片扎在一起，形似花篮的提环。而母球上的叶片和花葶都盘曲在一起，犹如篮中的花。

【繁　殖】　水仙多以分球法繁殖。生长2～3年的母球，周围可产生数个子球，在秋季将其与母球分离，单独种植，2～3年后即可长成开花母球，其四周又可产生若干子球。近年，已可用组织培养法快速繁殖。

【用　途】　水仙花姿态清雅，叶片翠绿，花朵秀丽，素雅芬芳，只需一碟清水，数枚石子，就能吐翠飘香。莳养简单，雕刻神奇，深受人们喜爱。尤其在元旦、春节期间能给人们带来喜气和春意，增添节日气氛。多以浅盆水养，装饰厅堂或点缀窗台。

13. 唐菖蒲
(*Gladiolus hybridus*)

【产地及习性】　原产于非洲热带和地中海地区。是性喜温暖、好阳光的长日照植物。怕寒冻，忌水涝。宜在通风、向阳、疏松、肥沃的砂质壤土上生长，适宜pH值为5.6～6.5。

【栽培和管理】　唐菖蒲从栽植到开花约需80天。栽种前，土壤中要施足基肥并加适量草木灰和骨粉。种植深度为球茎高度的1.5～2倍，覆土厚5～7厘米。如土质黏重，应种植得浅些，以利于新球生长，但雨后易倒伏，抗旱力也差。一般球茎在4℃～5℃时即开始萌芽，生长期适宜温度为20℃～25℃。在长日照条件下

能促使花芽分化，分化后短日照能促进开花。生长期要适时浇水，并经常保持土壤湿润。唐菖蒲喜肥，但氮肥过多会使叶片徒长，开花不良，引起倒伏。多施磷肥可提早开花，钾肥有利于球茎生长和小球的产生。生长期需追肥3次，第一次在2片叶展开后施，以促进茎叶生长；第二次施肥在有4片叶、茎伸长孕蕾时进行，以促使花枝粗壮，花朵肥大；第三次在花后进行，并以钾肥为主，以促进子球发育。

唐菖蒲作为切花栽培时，宜在花序基部1～2朵花初开时剪取，这样花枝插瓶时间可保持7～10天。若为生产种球，应在花蕾现色时剪去花蕾，留下花茎，以利于球茎生长。在花茎抽出、花蕾成长阶段水分要充足，雨季要及时排涝。花后应立即剪去花梗，不使其结籽。待花后1个月叶枯时即可采收球茎。

唐菖蒲主要害虫有螟蛾、叶蝉、红蜘蛛，病害有干腐病、青霉腐烂病等，可分别喷洒10%吡虫啉500倍液和50%多菌灵500倍液防治。

【繁　殖】 可用播种和分球法繁殖。播种多用于新品种的培育，生长期较长，故多采用分球法。当秋季叶片有1/3发黄时即可将球茎掘出，剪去枯叶，将新生的大球及所附的小球逐一掰下，经充分晾干后贮藏在5℃～10℃的通风干燥处，至翌年春再栽植。子球需培育1～2年后才能开花。

【用　途】 唐菖蒲潇洒多姿，花大色艳，质薄似绢，娇嫩可爱，且水养耐久，为世界四大切花之一。多地栽以生产切花，也可布置花坛。

14. 德国鸢尾
(*Iris germanica*)

【产地及习性】 原产于欧洲。性强健，耐寒，耐旱，不耐水湿，喜阳。适于排水良好、适度湿润、微酸性的土壤栽培。

【栽培和管理】 由于鸢尾根茎肥大，所以怕涝，怕积水，怕肥水过量，要求土壤渗水性好。种植时，应把根茎露出地表少部分或只覆土2厘米厚。生长期间需注意浇水，保持土壤湿润。除栽植时施足基肥外，每年春季发芽时在植株一侧施1次腐熟堆肥及骨粉，即可花繁叶茂。冬季露地越冬。鸢尾易患根腐病，如有发现，应及时铲出，并进行土壤消毒，以防止蔓延；常见的还有白绢病、鸢尾锈病、鸢尾叶斑病等，应及时防治。

【繁　殖】 鸢尾有分株繁殖和播种繁殖两种方法，以分株繁殖为主，多于春季或花后进行。一般生长3年分株1次。分割后伤口需用草木灰、硫黄粉涂抹或放置稍干后再种，以防止病菌感染。播种繁殖时，种子成熟采收后于9～10月立即播种，不宜干藏。一般2～3年后开花。病虫害防治可参照第四章病虫害防治部分。

【用　途】 德国鸢尾株美花大，花形奇特，花色艳丽。其剑形叶片拱托着绚丽的花朵，迎风摇曳，散发出阵阵幽香，令人心醉。可丛植、片植或布置花坛。宜栽植于石间路旁，也可盆栽或做切花。

15. 朱顶红
(*Hippeastrum vittatum*)

【产地及习性】 原产于秘鲁。喜温暖、湿润的环境，喜光，但忌过于强烈的日光暴晒，夏季宜置于凉爽通风的环境，稍耐寒，生长适温18℃～25℃，冬季休眠期要冷凉干燥，适温5℃～10℃。忌高温，怕水涝。喜肥，要求富含腐殖质，排水良好的沙质壤土。

【栽培和管理】 长江流域可露地栽培，多于3～4月份进行，做高畦以防水涝。株行距15厘米×30厘米，施足基肥，使鳞茎顶部露出土面，生长期每半个月追肥1次，花后增施磷、钾肥，使鳞茎生长充实。秋后停肥停水，使其逐渐休眠，然后掘出鳞茎，剪去叶

片，除去泥土，晾干后于室内通风干燥处贮藏。对不开花的小球，也可露地覆盖越冬。北方地区多盆栽，要选用直径在5厘米以上的开花大球，每盆1球，要浅植，使鳞茎的1/3～1/2露出土面，生长期间加强水肥管理，每半个月追施1次稀薄饼肥液。夏季略遮荫，秋、冬季停止浇水，剪去叶片，置于5℃～10℃的室内越冬。翌年 2～3月间倒盆换土，重新栽植，约30天即可开花。一般先花后叶，或花叶同出。夏季干热时朱顶红易被红蜘蛛为害，需要注意防治。

朱顶红也可水培进行促成栽培。为使其春节开花，必须打破休眠状态，于春节前50天，取球茎剥去表皮鳞片，放入水盆，以石子固定，使水位达球茎的一半。放于温暖向阳处，水温控制在25℃左右，3～4天换1次温水，这样春节即可开出鲜艳的花朵。

【繁　殖】　播种和分株法繁殖。待蒴果裂开，种子已成熟，每个蒴果可产种子50～80粒。采后即可播种，发芽率较高，每年需分盆移植，培养4～5年才能开花。家庭多用分株法繁殖，多年生大鳞茎可产生若干小鳞茎，春季换盆时可用刀将小鳞茎与大鳞茎割离，伤口涂上草木灰或硫黄粉，伤口晾干后另行上盆栽植。

【用　途】　朱顶红叶丛碧绿，花大色艳，非常美丽，多盆栽作早春观赏，也可做切花。

16. 大花美人蕉
(*Canna generalis*)

【产地及习性】　原产于美洲热带及亚热带地区。喜阳光充足和高温炎热的环境。怕强风，不耐寒，较耐水湿，忌水涝。在湿润、肥沃、富含腐殖质的深厚土壤中生长良好。

【栽培和管理】　以分株繁殖为主。3～4月份将根茎掰成2～3个芽一段，伤口最好涂上草木灰防腐，穴植于肥沃的土壤中，栽植深度8～10厘米，也可植于口径20～25厘米的盆中，盆底要放

少量厩肥或腐熟饼肥做基肥，保持良好的光照和通风条件，平时盆土保持湿润，梅雨季节要防止盆中积水。美人蕉适应性强，管理粗放，花前需要追施2次稀薄饼肥水，花后剪去残花，并加以修剪，以利于继续生长开花。秋季于霜降前将根茎挖出，剪去地上部分，晾晒10天左右入室沙藏。贮期忌潮湿、闷热，否则根茎易腐烂。盆栽植株，冬季枯萎后连盆移入室内干燥越冬。病虫害防治参照第四章有关部分。

【用　途】　美人蕉茎叶繁茂，花大色艳，花期长，抗污染能力强，宜做花境背景或花坛中心栽植，也可盆栽或做切花。

17. 香石竹
(*Dianthus caryophyllus*)

【产地及习性】　原产于南欧、地中海北岸。喜干燥、凉爽、光照充足和通风良好的环境。忌高温多湿，不耐寒，忌湿涝与连作。生长适温为15℃～20℃。要求含丰富腐殖质、湿润而排水良好的微酸性土壤。

【栽培和管理】　盆栽地栽均可，但基质要透气排水，并施入有机肥做基肥。盆土可用腐叶土、园土、河沙按2∶1∶1的比例配制，并加入少量腐熟厩肥做基肥。香石竹为浅根性花卉，幼苗栽植深度不宜超过2厘米，栽后浇1次透水，以后盆土见干时再浇透水。香石竹不耐水湿，除在生长旺盛期、开花期增加浇水量外，一般浇水不宜过多，保持土壤一定湿度即可。开花期忌土壤过干过湿。香石竹较喜肥，生长期每半个月追施1次腐熟的饼肥水。为使其株形丰满，保证开花数量和质量，应及时摘心整枝，并设支架支扶。一般当小苗长到15～20厘米高时，从基部起留5～6节摘心。一般每株保留6～12个壮枝开花，孕蕾后每个分枝顶端只留1个花蕾，其余侧蕾及腋芽应及时摘除。夏季应通风降温，冬季应保持10℃以上温度。香石竹在生长过程中易受红蜘蛛为害，易染

白粉病、枯萎病，可分别喷洒40%三氯杀螨醇1000倍液和75%甲基托布津800倍液防治。

【繁　殖】 扦插、播种或组织培养快繁。通常以扦插繁殖为主，多在春季进行。以河沙加等量珍珠岩为基质，选用母株中部粗壮、节间短、长约5~10厘米的侧枝，用手将其掰下，使基部略带一些皮层(以利于成活)，去除下半部分叶片，用粗细相同的竹签打洞后将其插入基质。深约一半。插后喷透水，在15℃~20℃温度条件下，保持床土和空气湿润，约经30天即可生根成活。香石竹易染病毒病，影响植株生长和开花质量。香石竹切花生产多采用组织培养快速繁殖脱毒苗。

【用　途】 香石竹茎叶清秀，花朵雍容华丽，姿态高雅别致，花色丰富，绚丽娇艳，馨香四溢，是世界著名的四大切花之一，又称母亲花。也可盆栽观赏。

18. 深波叶补血草
(*Limonium sinuatum*)

【产地及习性】 原产于西西里岛、北非地中海的干燥地带。喜光、耐寒、耐旱，不耐夏季高温。为长日照花卉，春季花芽分化前需低温春化。

【栽培和管理】 补血草为直根性植物，不易分株，多用种子繁殖。通常于初秋播种，2~3片叶时移苗于育苗钵中，定植时带基质扣盆，以免伤根。切花生产中常用冷藏育苗，有两种方法：一是将种子吸水萌动后再行冷藏，冷藏后播种；二是盆播后冷藏。播种于浅盆，经1~2月，当胚芽萌动后连盆存放于冷藏室。在2℃~3℃的温度条件下，30天即可完成春化作用。经花芽分化到开花所需时间，在10℃以上需40天，在较低的温度下则需80~90天，晚花品种要求15℃以上的温度。在高温期生产切花，需通风降温或遮阳降温。长日照处理可促进开花，抽薹前用500毫克/升

赤霉素溶液喷洒可提早开花。

补血草耐旱忌湿，对土壤无严格要求，以排水畅通的砂壤土为宜。栽前深耕30厘米，并施以充分腐熟的有机肥做基肥。定植株行距一般为30厘米×30~40厘米。生长期保持土壤湿润，防止过湿，花期适当控水。花前可追施1~2次氮、磷、钾复合肥。抽薹时架支撑网。切花采收适宜时期为80%以上小花开放。剪切时，保留花茎基部1~2片大叶，以利于老株再度萌发。切花采后水养，在2℃~4℃条件下贮藏可保鲜3~4周。

【用　途】　补血草花繁色艳，花枝长，保鲜时间久，是理想的切花材料。由于具有不凋谢的干膜质花萼，也是极好的干花花材。

三、木本花卉

1. 白玉兰
(*Magnolia denudata*)

【产地及习性】　原产于我国。喜温暖、湿润的环境，较耐寒，能在-20℃条件下安全越冬。肉质根不耐积水。喜肥沃而排水良好的微酸性土壤。

【栽培和管理】　白玉兰根肉质，伤根后愈合期较长，故移栽需带土坨。宜栽植于背风向阳的高燥处，栽时要挖大穴，深施基肥，适当深栽。栽植时期，以花芽萌动前或花后展叶前为好。白玉兰喜肥，尤喜氮肥，花前花后均应追肥。3~4月份开花，6月份孕蕾。生长季节应经常保持土壤湿润，尤其在盛夏应经常浇水保湿降温。

由于白玉兰对气温十分敏感，采用人工推迟花期较易成功。为了推迟花期，可将未萌动的盆栽白玉兰移至0℃~5℃的冷室，能在“五·一”或“七·一”开放，也可在初秋(7~8月)采用摘叶办

法，将白玉兰盆栽移至温室，室温保持20℃左右，经5~6周也能开花，以供元旦或春节观赏。

【繁　殖】　播种、扦插或嫁接繁殖。于9月下旬当果实成熟干裂时即采收，除去外种皮，在室内晾干，置低温湿沙中贮藏，翌年春播种，幼苗需遮荫，冬季需防寒，培育3~5年可出圃。扦插多在5~6月份进行，插穗以幼龄树当年生枝条成活率较高，插于沙床，上方遮荫，每日喷水保湿，一般20天左右生根。嫁接，以2年生紫玉兰枝条为砧木，10月份采用腹接或劈接法嫁接，也可于9月份进行芽接。

【用　途】　白玉兰是我国著名的早春花木。树大花美，一树千花，洁白如玉，挺立枝头，似展翅白鸽。其姿、色、形、神、韵、香俱佳。可孤植、丛植、列植，也可散植装饰庭院。

另有紫玉兰(二乔玉兰)灌木，花紫红色。其栽培方法同白玉兰。

2. 广玉兰
(*Magnolia grandiflora*)

【产地及习性】　原产于北美东南部。广玉兰为热带阳性树种。喜温暖、湿润、光照充足的环境。耐阴，较耐寒。要求疏松、肥沃、排水良好的偏酸性土壤。

【栽培和管理】　如要将广玉兰培养成乔木树形必须随时进行整枝、除蘖和抹芽。大苗移植多于早春进行，须带土坨，尽量少伤根，并适当疏枝剪叶，保持空气和土壤湿润。生长季节注意浇水施肥。冬季须防寒。

【繁　殖】　播种、高空压条、嫁接或扦插繁殖。播种，可于10月采种，将果实堆熟，再将种子洗净，晾干后即播，也可将种子用湿沙层积，至翌年春季播种。幼苗生长缓慢，播后第二年移植。高空压条于4~5月份进行，选枝粗2~5厘米处进行环割，环割宽度

3~5厘米，去掉韧皮部，用塘泥拌苔藓或腐叶土做基质，用塑料薄膜包裹，经常保持湿润，经1个月生根，翌年春天剪下栽植，嫁接选用紫玉兰或山玉兰为砧木，于早春萌芽前嫁接。扦插多于6~8月份选取嫩枝扦插，插穗长15~20厘米，保留顶端1~2个叶枝，其余去掉。用50~100毫克/升萘乙酸浸泡后插于沙床，保持湿润并遮荫，约1个月左右生根。

【用　途】 广玉兰树姿优美，花叶俱佳，树大荫浓，开花时芳香四溢。耐烟抗风，能净化空气，为珍贵的绿化树种。可孤植、对植、列植，也可于庭院栽植。

3. 牡　丹
(*Paeonia suffruticosa*)

【产地及习性】 原产于我国，以河南洛阳和山东菏泽的牡丹最负盛名。喜光，耐寒，不耐湿热，耐干旱，忌水涝。生长适温20℃~25℃，32℃以上生长不良，最忌烈风炎日，酷热之下常会出现枯叶现象。要求地势高燥、土层深厚、疏松肥沃、排水良好的中性砂壤土。

【栽培和管理】 牡丹根系发达，较适宜地栽。一般于9月下旬至10月上旬移植，其他时间移植不易成活。谚语说“春分种牡丹，到老不开花”，所以种牡丹必须在秋天栽植。每年秋季9~10月份，牡丹即将休眠，生长停止，芽苞分化饱满，是挖掘、移栽的适宜时节。栽后适值晚秋初冬，此时地温适于被切断根系的伤口愈合，翌年早春土壤深层温度稍有回升，则会迅速萌生须根，以利于地上部分萌芽生长。株行距为80厘米×100厘米。栽前需整地并施足基肥，埋土不宜过深，过深则牡丹不旺发，最好与根茎交接处相齐。植株放入坑中时一定要将须根伸直。其栽植口诀是：“坑要大，根要直，埋土一半向上提，踏实浇水扶扶直”。牡丹喜肥，一般每年施肥3次，即落叶后开沟施基肥，早春发芽时施追肥，并以

磷、钾肥为主，花后再追肥。干旱时浇水，但水量不宜过大，浇水后和大雨后必须松土，严禁积水。3月上旬，每株选留5~8个壮枝，每枝保留2个花芽，其余去掉，并及时去掉根茎上的萌蘖。花谢后应及时剪掉残花，防止因结实而消耗养分，影响翌年开花。

牡丹的根既粗又长，不适宜盆栽。盆栽时，要选用以芍药根嫁接的2~3年生的小棵牡丹。为了催花，可临时盆栽，花谢后再移入露地栽培。若要牡丹提前至春节开花，可于春节前2个月从容易开花的品种中选择健壮充实、芽头饱满的植株从露地挖出，晾1~2天，使根变软后栽入高筒盆内，浇透水，放入12℃左右的温室内培养2周，以后加温至16℃左右，待新枝上有3~4枚叶子时，再将温度升至18℃，此时应控制浇水，防止叶子徒长。当花蕾呈圆桃状时，可浇1次透水，促使蕾、叶同长，当花蕾已长至正常大小时，再增温至26℃~28℃，注意通风及喷水，届时即可开花。

牡丹易患根腐病，使肉质根发黑腐烂，其防治办法：剪除病根，撒些硫黄粉，或用4%~5%高锰酸钾溶液浇洗根部。另有白粉病、褐斑病、炭疽病和白粉虱、刺蛾为害，可分别喷洒75%甲基托布津500倍液和40%氧化乐果乳油1000倍液防治。

【繁　殖】　牡丹多用分株、嫁接或扦插繁殖。分株，宜在9月下旬至10月上旬进行，将4~5年生的大丛母株从地下挖出并去掉附土，阴干1~2天，待根变软后，用利刀把株丛割开，每丛保留3~4个枝和适当根系，在伤口涂上硫黄粉或草木灰后，另行栽植。

【嫁　接】　宜在9月下旬至10月上旬进行，多以芍药做砧木进行根接。选充实粗壮、长约20厘米的芍药根放阴凉处2~3天，使根变软，以便于操作。选用上品牡丹根际上萌发的新枝或枝干上的1年生短枝做接穗(长8~12厘米)，嫁接时先将接穗基部用利刀两面下削，使呈楔形，削面长2~2.5厘米，再将芍药根上端平截，在横断面中间垂直下切，成为2厘米深的劈缝。然后将削好的接穗插入，对准形成层，自上而下用麻皮缠紧接口，然后栽植，深度

以接穗端与地面平齐为宜；适当浇水后封土厚10~15厘米，防寒，翌年春萌芽时将覆土扒掉。嫁接苗生长1年后可移植1次，3年后定植。

【扦　插】 牡丹扦插宜在10月上旬进行。选择大株牡丹于地面发出的枝条，深挖至根部剪下，最好稍带几条须根。介质以沙、土或蛭石各半配制，插穗长约15厘米，并用300毫克/升吲哚丁酸速蘸处理后插于插床，插入深度约为插穗长度的1/3，株距5厘米，行距10~15厘米。插后立即浇透水，并用塑料薄膜覆盖，干时喷水。到翌年秋季即可移栽。

【用　途】 牡丹株形紧凑，姿态高雅，叶形优美，花朵硕大，花形丰满，花色艳丽，极显雍容华贵，是富贵吉祥、繁荣昌盛的象征，号称国色天香，被誉为花中之王，名列我国传统十大名花之首，并被推选为国花。园林中多丛植、群植布置花境或建造专类园，也可做切花。

4. 银芽柳

(*Salix leucopithecia*)

【产地及习性】 原产于我国。喜阳，耐湿，耐寒，好肥。

【栽培和繁殖】 扦插繁殖。在春、夏季剪取发育良好的枝条长约10厘米，在露地或盆内扦插，浇足水后遮荫2周，即可生根成活。对土壤要求不严，但以疏松肥沃的壤土生长迅速。夏季生长期，每月追肥1~2次；秋、冬季花芽开始膨大时追施2次磷、钾肥，以使花芽肥大饱满。夏季避免烈日暴晒，并防干旱，土壤干后及时浇水。

【用　途】 银芽柳枝干挺拔，花芽秀雅奇特，花开洁白如玉，银光闪烁。可染成红、黄、绿、蓝等色，姹紫嫣红，非常美观，为美丽的插花插材。

5. 腊　梅

(*Chimonanthus praecox*)

【产地及习性】 原产于我国。喜光，耐寒，耐旱，怕风，忌水湿，宜种植在避风向阳处。冬季气温不低于 −15℃就可安全越冬。喜疏松、深厚、排水良好的中性或微酸性砂壤土。

【栽培和管理】 移植腊梅应带土坨，并植于背风向阳处。为防水涝，可培土以加高地面。对长枝要适当短截，以促使多生花枝。腊梅要注意追肥，花后、入伏前和入冬前应分别施 1 次腐熟厩肥或粪肥，及时供应腊梅花芽分化、开花所需的养分，以保持旺盛的生长势头。腊梅耐修剪，为促使形成良好的树形，春季新枝长出2～3对芽后就摘去顶芽，到夏季再留长枝条。花谢后重剪，每枝保留 20 厘米，促使多萌枝，多开花。盆栽腊梅，可于 10 月份后选花蕾饱满的植株，带土坨掘起，植于盆中，保持土壤湿润，放温棚内养护，开花时搬入室内观赏。

【繁　殖】 以嫁接繁殖为主，也可播种、分株、压条或根插繁殖。嫁接，用实生苗做砧木，春、冬切接，夏、秋腹接。播种，可于6～7月份种子成熟后采收，用45℃温水浸种1昼夜，然后播于沙床。新种子出苗快。冬季小苗需防寒。越冬分株，在秋季落叶后到春季萌芽前进行，将母株掘出，抖去泥土，用利刀切或剪子分成若干株，每株需有主枝 2～3 条，主枝留 10 厘米短截，然后分栽，易成活。

【用　途】 腊梅是我国著名的冬、春季观花的芳香花木，可孤植、列植、群植，也可盆栽或做切花。

6. 朱缨花

(*Calliandra haematocephala*)

【产地及习性】 朱缨花为热带花卉，性喜温暖、湿润和阳光充

足的环境，不耐寒，要求土层深厚且排水良好。

【栽培和管理】 家庭盆栽宜选用园土掺入部分河沙作为盆土，并放置在南面阳台种植观赏。其生长适温为23℃～30℃，越冬时温度保持在15℃～18℃。平时可等盆土表面1厘米深处干时再进行浇水，冬天可等盆土一半干时再浇，从春至秋每个月施1次复合肥。我国南方热带和亚热带地区可露地栽植，也可盆栽，北方地区则应盆栽作温室培养。

【繁　殖】 多采用扦插法繁殖。可在春季剪取20厘米长的健壮枝条进行扦插，插床温度需保持在15℃～28℃。

【用　途】 朱缨花花叶俱佳，尤其是绒球状的花朵色彩鲜艳，极具观赏性，是优良的盆栽观赏花卉。

7. 梅　花

(*Prunus mume*)

【产地及习性】 梅花原产于我国，已有3000多年的栽培历史。喜通风良好、光照充足、温暖湿润的气候，较耐寒，一般可耐－15℃的低温，不耐涝，怕水渍。适于疏松肥沃、干湿相宜的中性或微酸性砂壤土。梅花萌枝力强，耐修剪，寿命长。

【栽培和管理】 梅花盆景宜放置于阳光充足、空气流通的地方。在北方严寒地区，冬季需置室内越冬。平时要保持盆土干湿相宜，不干不浇，不能积水。5～6月是花芽分化形成期，要控制浇水，防止徒长，并增施追肥，促使花芽分化。梅花耐整形修剪，枝条应多剪少留，粗扎细剪，使其疏影横斜。梅花喜通风透光，枝条不宜过多，力求疏朗，要疏除直立、交叉、重叠、密生、瘦弱和位置不当的枝条。疏枝原则是老枝不动，留强去弱。根据树姿，有的应短截，有的应长放。新梢长到一定程度，一般控制在18～36厘米，就要摘心或抹头。老干上的芽应随发随抹。造型应以疏、斜、曲和苍劲自然为原则。花前应置于冷室向阳处，含苞待放时移至室内观

赏。花后进行强度短截，并移至露地培养。为使梅花在元旦或春节开花，可对其进行花期控制。梅花对温度很敏感，只能逐渐增温，并经常洒水保持其空气湿度，并将它放置在阳光充足处，待花蕾露色，移至低温处，可维持10～20天不开花。如需要某日开花，则要在1周前给予15℃～20℃的气温条件，就可如期开花。为了延长其观赏期，待梅花初开后，将室温调至10℃左右即可。梅花病虫害较轻，一旦发生虫害时，不能喷施乐果，否则会引起落叶。

【繁　殖】　梅花多嫁接繁殖，也可扦插或压条。嫁接时，可以用梅花的实生苗或杏、桃做砧木。于12月至翌年3月进行枝接，或5月份用嫩梢嫁接，也可于6～8月进行芽接。压条于早春进行，将1～2年生根际萌发的枝条，刻伤或环割后埋入土中5厘米，夏秋干旱时浇水，于秋后割离，翌年春季即可移植。扦插多于11月份进行，取当年生10～15厘米长枝条做插穗，插前用0.05%吲哚丁酸溶液浸泡5～10秒钟，成活率可达80%左右。

【用　途】　梅花为我国著名的园林花木。在万花凋谢的隆冬，惟有梅花傲然挺立，抗严寒斗冰雪，喷红吐翠，自古就受到我国人民的喜爱。梅花色、香、姿、神、韵俱佳，开花早，寿命长，为我国十大名花之一。与松、竹并称“岁寒三友”，与兰、竹、菊合称花中“四君子”。孤植、列植、群植均可，也可用做切花，或制作树桩盆景。

8. 月　季

(*Rosa chinensis*)

【产地及习性】　月季原产于我国。现在栽培的多是世界各国培育的新品种，统称现代月季，大致可分为杂种香水月季、丰花月季、壮花月季、微型月季、藤本月季和灌木月季等6类。月季适应性强，其最适温度白天为18℃～26℃，夜间10℃～15℃。冬季气温低于5℃时休眠，夏季气温持续32℃以上时半休眠。月季喜光，

每天要有6小时以上的直射光照，才能生长良好，花繁叶茂。如长期置于光照不足或隐蔽的环境中，则枝干纤弱，叶色发黄，花小色暗。但盛夏烈日对其生长也不利。月季喜光怕热，炎夏酷暑开花少而小。春、秋季气候最为适宜，生长旺盛，花开不断，花色艳丽。月季对土壤要求不严，但较喜疏松肥沃、湿润通气、排水良好、保水保肥的中性砂壤土。

【栽培和管理】 移栽月季多于春季萌发前后进行，栽后浇透水，较易成活，并置通风向阳处养护。新栽植株要重剪，一般留地面上6～10厘米长，其余剪掉。月季喜肥，生长期应经常追肥。花后要进行修剪，多疏枝短截，疏除内膛枝、杂乱枝或病虫枝；开花枝条应留3～5片叶短截。并追施以磷、钾为主的复合肥。盆栽月季浇水要间干间湿，不干不浇，浇则浇透。

月季易患白粉病和黑斑病，可喷洒波尔多液防治。也易受蚜虫、红蜘蛛、刺蛾等为害，需喷施40%氧化乐果或溴氰菊酯1000倍液防治。

【繁　殖】 扦插、嫁接、播种、组织培养繁殖均可。扦插是繁殖月季的主要手段，整个生长季节均可进行嫩枝扦插，每年秋末结合冬季修剪可进行硬枝扦插，只要温度在18℃以上和湿度较高，较易成活。播种多在培育杂交新品种时进行，种子采收后要充分后熟，然后脱去果皮和果肉，淘洗干净，沙藏于5℃以下的冷室中，翌年春天播种，苗高10厘米左右时分苗移栽。嫁接多用蔷薇做砧木，在早春进行枝接或生长季节进行芽接。目前切花月季多用组织培养法快繁脱毒苗。

【用　途】 月季花容秀美，千姿百色，芳香馥郁，四时常开，正所谓“花开花落无间断，春光常驻四时同”。享有“花中皇后”的美誉，是我国十大名花之一。可布置花坛、花境，开辟专类园，也是四大切花之一。

9. 玫 瑰
(*Rosa rugosa*)

【产地及习性】 原产于我国。喜阳光充足、凉爽、通风的环境，耐寒、耐旱，适应性强。喜肥，要求肥沃、排水良好的砂壤土，不耐水渍。生长适温为15℃～25℃。

【栽培和管理】 玫瑰为浅根性花木，生长快，萌发力强。为使枝条分布均匀，株形美观，一般于2月下旬将纤细枝、病枝、枯枝剪除。秋后要进行短截修剪，并在植株四周挖沟施肥，并灌水、封土，以促使翌年多发新枝并开花繁茂。分蘖过剩时，即应分株，以利于生长。经常分株可使长势更旺。注意通风，以防止春季感染锈病。夏季有介壳虫和煤烟病发生，应注意防治。

【繁 殖】 可分株和扦插繁殖。玫瑰的分蘖力强，可在春季直接挖出蘖苗进行分株繁殖。扦插，于秋后在温室进行硬枝扦插或夏、秋季进行嫩枝扦插，注意遮荫、浇水，以促进生根。

【用 途】 玫瑰花色艳丽，浓香馥郁，是著名的芳香花卉，适于园林配景，宜用于花篱、花境或庭院美化，也可做切花，还可以提炼芳香油。

10. 火 棘
(*Pyracantha fortuneana*)

【产地及习性】 为喜温性长日照旱生类植物，喜强光，耐贫瘠，抗干旱。

【栽培和管理】 常用扦插和播种法繁殖，播种开花较晚。黄河以南露地种植，华北需盆栽。在塑料棚或低温温室越冬，温度可低至0℃左右。生长期露地全光照栽培，加强肥水管理。果实变红时，剪去果层外的枝叶，使果实更加显著可观。

【用 途】 火棘果实累累，鲜艳夺目，是一种极好的春季看

花、冬季观果的盆景花卉。果实9月底开始变红，一直可保持到春节以后，制作盆景非常美观。

11. 贴梗海棠

(*Chaenomeles speclosa*)

【产地及习性】 原产于我国。喜阳光充足的环境，抗旱耐寒，喜湿润忌水涝。对土壤适应性强，但在深厚、肥沃、排水良好的土壤中生长更好。

【栽培和管理】 移植可于春季发芽前或秋、冬落叶后进行。移植时施足基肥，晚秋再追肥1次，干旱时及时浇水，以防停止生长而半休眠，雨季应注意排水，花谢后应注意疏枝并短截1年生枝，留桩20～30厘米。盆栽催花，应先让其处于低温，以度过休眠，然后移入15℃～20℃的温室内，约30天即可开花。

【繁　殖】 分株、扦插、压条或播种繁殖。分株多于春季萌发前进行，将大丛母株挖出，用利刀劈开，每丛保留 2～3株，分别栽植，培育3～4年后可再分株。压条，也在早春进行，选健壮的长枝扳倒在地，压入穴中，露出顶端，覆土厚5～6厘米，约50天生根，秋后或翌年春与母株割离。在春季选充实的1年生枝条扦插也易成活。

【用　途】 贴梗海棠先叶开花，花大色艳，烂漫如霞，是著名的春季观花灌木。可孤植、丛植，也可做花篱或盆景。

12. 碧　桃

(*Prunus persica*)

【产地及习性】 原产于我国。碧桃为桃的变种，喜光，耐旱，不耐水涝，喜肥沃、排水良好的沙质土壤。易衰老。

【栽培和管理】 移栽宜在早春或秋、冬落叶后进行。栽植不宜过深，大苗需要带土坨。修剪以疏枝为主，剪去病枝、枯枝、徒长

枝、纤弱枝和内膛枝，使呈自然开心形。长枝要短截，多在开花前进行。冬季开沟施基肥1次，开花前和6月份前后各追肥1次，以利于开花和促使花芽形成。碧桃可盆栽催花，把已形成花芽并经过低温的小株碧桃或寿星桃移植于花盆内，放入15℃～20℃的温室中，25～30天即可开花。碧桃易被红蜘蛛为害，需要注意防治。碧桃对敌敌畏敏感，施后易落叶，应禁用。可喷施10%吡虫啉800倍液防治。

【繁　殖】 多行嫁接繁殖，以山桃或毛桃做砧木，行切接或"T"字形芽接。切接在春季植株萌动时进行，芽接于8月上旬至9月上旬芽生长充实饱满时进行。

【用　途】 碧桃繁花似锦，妩媚可爱，是重要的春季观花树种。可孤植、片植、列植，更适合与垂柳植于水滨，造成桃红柳绿、柳暗花明的春日盛景。也可做切花或制作树桩盆景。

13. 樱　花
(*Prunus spp*)

【产地及习性】 原产于我国和日本。喜光，耐寒，不耐水湿，适应深厚、肥沃、通风良好的环境。

【栽培和管理】 嫁接繁殖。可用樱桃、山樱桃做砧木，于3月下旬切接或8月下旬芽接。移栽多于春季发芽前进行，施足有机肥做基肥，生长期间注意浇水、中耕，花后或早春发芽前剪去枯枝、病枝和徒长枝，以利于通风透光，生长旺盛。樱花易受蚜虫、刺蛾、天牛为害，需注意防治。

【用　途】 樱花花开满树，芳菲烂漫，绚丽壮观，是著名的春季观花树种。宜孤植、列植，也可做切花。

14. 榆叶梅
(*Prynus triloba*)

【产地及习性】 原产于我国，喜阳光，耐严寒，怕水湿，耐干旱。对土壤要求不严，能抗轻度盐碱。

【栽培和管理】 栽植时选择排水通畅的高燥、向阳之地。可春植，更宜于秋植，因此时土温高于气温，宜生根成活。起掘时，必须带有完整的土坨，栽后要适当修剪枝条，减少水分蒸发。入冬前，根部要壅土防寒。榆叶梅的花朵都生在2年生的枝条上，花后应将长枝短截，并剪去病虫枝、弱枝，适当修正树形，以促发大量新枝；等到秋天，花芽可形成在叶腋间，为促其花繁叶茂，需不断追肥，花后结合浇水，施以腐熟的液肥，促使生长旺盛，过后再施1次液肥，使枝条充实，保证花芽、叶芽茁壮成长。冬季结冰前，沿植株周围挖沟，结合冬灌施入有机肥或饼肥。榆叶梅也可盆栽观赏，秋季落叶后将地栽的植株掘起上盆。因其枝条柔软，可盘扎造型，花后将枝条短截，至春季解冻后，再下地栽植。适时浇水，促使旺盛生长。

【繁　殖】 榆叶梅多用嫁接法繁殖，芽接、枝接都能成活。芽接在秋季7~8月进行，枝接在早春芽萌动前进行，以山杏、山桃或榆叶梅的实生苗做砧木。一般多在离地10厘米处嫁接，养成丛生状的矮株；也可高接在山桃的主干上，形成独立主干的小乔木；也可以播种繁殖，以选育变异品种，在种子成熟后播种，或种子沙藏后春播。

【用　途】 榆叶梅枝叶繁茂，花繁色艳，缀满枝头，为明媚的春天大为增色。可孤植、片植，也可盆栽或做切花。

15. 木芙蓉
(*Hibicus mutabilis*)

【产地及习性】 原产于我国西南部。喜温暖气候，喜光，耐潮湿，不耐干旱，故多植于水边。木芙蓉对环境适应性强，对土壤要求不严。长江以北栽植，越冬时地上部分要枯萎，翌年春根部重发新枝。

【栽培和管理】 移栽木芙蓉需秋天落叶后进行，若春天发芽后移栽，即使带土坨也难成活。生长期注意浇水，保持土壤湿润，不可干燥，春天萌芽前，孕蕾时需追施复合化肥或饼肥。北方冬季需要剪去枝叶，培土防护越冬。华北地区多温室盆栽。

【繁　殖】 扦插、分株和播种繁殖。扦插于落叶后或早春进行，取当年生长15～20厘米粗壮枝，埋在湿沙中贮存，翌年2～3月取出插于苗床，1个月后生根。分株，宜在落叶后至萌芽前进行，施足基肥，随分随栽，栽植不宜过深，将土填实，并加以培土。播种，在4月份进行，可用河沙与园土各半混合装入花盆或木箱，平整后播下种子，上覆细沙，浸透水后置于半阴处，经常保持湿润，约1周出苗，5片真叶后移植。

【用　途】 木芙蓉花繁朵大，花色多变，形似牡丹丰满华贵，非常美观。宜于庭院栽植。

16. 桂　花
(*Osmanthus fragrans*)

【产地及习性】 桂花原产于我国，喜温暖、湿润、光照充足的环境。不耐寒，也不耐旱，怕水渍和煤烟。喜肥，要求疏松、肥沃、排水良好的微酸性砂壤土，适宜pH值为5.5～6.5。不耐干、瘠。

【栽培和管理】 桂花以当年生枝着花最多。露地栽培应选背风向阳、排水良好、表土深厚的地方，挖大穴，施入有机肥。苗木要

带土坨移栽，栽后充分灌水。以后每年入冬前施厩肥，花后追肥、浇水。雨季注意排水防涝，冬季注意防寒。北方只能盆栽，霜降时节移入不结冰的室内越冬。土壤应间干间湿，切忌积水成涝，否则会烂根死亡。生长季节应每2周追施1次矾肥水或腐熟发酵的稀薄饼肥水。如发现叶片黄化，可叶面喷施0.1%～0.2%硫酸亚铁水溶液。要及时剪掉砧木上萌发的根蘖，同时对弱枝进行短截。立秋后要控制浇水，若浇水过多会引起冬季落叶。盆栽室内温度不可过高，应置有阳光直射处，以免徒长，土壤干时再浇水。翌年4月中旬出室，2～3年换1次盆。桂花易患叶斑病，常受介壳虫、粉虱、刺蛾为害，需注意防治。

【繁　殖】　扦插、嫁接或压条繁殖。扦插多于8月底9月初用当年生嫩枝扦插，也可于4月份取1年生枝进行硬枝扦插。插穗要留3节，6～10厘米长，插前用200～300毫克/升萘乙酸溶液速蘸处理可提高生根率，插后注意遮荫保湿，约40天可愈合生根，生根后控制浇水，防止积水插穗下部腐烂。冬季要保暖，移苗时要带土坨并保持根系完整，栽后立即浇透水。嫁接可用女贞、小叶女贞、流苏树做砧木，在早春萌芽前自土面以上10厘米处将砧木剪断，进行切接。嫁接成活后，应将嫁接处壅土埋住，使桂枝基部也能生根，从而提高亲和性和生长能力。也可于5～6月份气温为20℃～25℃时进行高空压条。选择健壮老枝，在有分枝的节下将树枝环割1周，宽约1厘米，去皮，以蛭石或腐锯末、水苔用塑料膜包裹住，并保持湿润，经5～8周后可生根，翌年春剪下另行栽植。

【用　途】　桂花是珍贵的芳香花卉，为我国十大名花之一。四季常青，树形丰满，枝叶婆娑。花叶四季有变化：春季嫩叶新梢，油亮棕绿；夏日葱翠；金秋花开满树，馨香四溢，沁人心脾。花园、庭院随处可植，对植、丛植、列植均可，也可盆栽欣赏。

17. 八仙花
(*Hydrangea macrophyila*)

【产地及习性】 原产于我国长江中下游以南地区，喜温暖、阴湿的环境。不耐寒，较耐阴，忌夏季强烈光照，在富含腐殖质的湿润、肥沃、排水良好的酸性土壤中生长良好。

【栽培和管理】 露地栽培应注意选择阴湿的地方，保持土壤经常湿润。八仙花丛生性强，基部萌发的过多枝条应适当地修剪，特别是要疏剪内膛枝，增大通风透光性。浇水不可过多，雨季应注意排水，以防止涝害，夏季温度高，水肥过大，植株容易徒长，可摘梢以控制高度。八仙花喜肥，生长期间应不断追施酸性肥料，以保证花的质量。开花前应注意追施磷、钾肥，花后再追肥，地上枝条经霜后枯萎，应剪掉。翌年春天再由根颈部萌发新梢。长江以北地区，冬季气候寒冷，难以露地越冬。故多盆栽，冬季适于放在5℃左右的温室内越冬。入室前，要摘去叶片或短剪枝干，还应注意节制浇水，以防止烂根。花后应剪去残花，并施好追肥，以促进分生新枝，提高翌年的开花质量。北方栽植八仙花叶片易黄化，可在叶面喷洒0.1%～0.2%硫酸亚铁水溶液。

【繁　殖】 扦插、分株或压条繁殖。在初夏用嫩枝扦插容易生根；分株宜在早春新芽萌动前进行；压条在芽萌动时进行，1个月后可以生根，翌年3月切离母株，带土坨移植，当年可开花。

【用　途】 八仙花花大且颜色富于变化，锦簇成团，美丽壮观。可列植为花篱、花境，丛植于庭院一角。也可配植于树下林间，还可以盆栽或做切花。

18. 紫　薇
(*Lagerstroemia indica*)

【产地及习性】 原产于亚洲热带，喜温暖湿润的气候和光照

充足的环境。

【栽培和管理】 紫薇适应性较强，具有一定耐寒、耐旱能力，对土壤要求也不严，成株管理粗放。早春时宜在5～6月间浇水1～3次。喜肥，每年秋后在根际施以有机肥或5～6月间结合浇水施以磷酸二铵等复合化肥。合理的整形修剪是使紫薇花繁叶茂的重要手段。一般花后或早春短截，以促使多萌发新枝，多开花。繁殖可采用扦插，也可播种繁殖。幼苗需保护越冬。常见病虫害有煤烟病、蚜虫、介壳虫和红蜘蛛，防治方法可参见第四章病虫害防治部分。

【用　途】 花序硕大，花形奇特，花色艳丽，花期长久。树干细腻光滑，枝叶柔媚，与众不同，别有一番风韵，是夏季观花的良好花灌木。

四、多年生温室花卉

1. 肾　蕨

(*Nephrolepis cordifolia*)

【产地及习性】 原产于我国热带及亚热带地区。喜温暖、湿润及半阴的环境，忌阳光直射。生长适温为20℃～22℃。较耐寒，室温保持在5℃以上即可安全越冬。

【栽培和管理】 分株或用孢子繁殖。通常在春季换盆时分株。孢子繁殖是将成熟的孢子撒在水苔上，保持湿润，并置于半阴处，即可发芽成苗。盆土以排水良好、富含腐殖质的腐叶土为好。盆土要经常保持湿润，但不能积水。如过于干旱，叶片易枯黄脱落。夏季高温时要充分浇水，并进行叶面喷水，保持较高的空气湿度，注意通风。光照不可过强，春、夏、秋三季应遮光50%以上，否则叶片易焦黄脱落，生长期每半个月施1次稀薄饼肥或矾肥水。

北方长期栽培，叶色易变黄，可浇灌0.2%硫酸亚铁水溶液防治，冬季温室越冬，并保持盆土适当干燥。

【用　途】　肾蕨株形优美，枝叶婆娑，四季常青；叶片青翠光润，秀丽清雅，是理想的室内盆栽花卉，也是重要的切叶材料。

2. 鸟巢蕨

(*Neottopteris nidus*)

【产地及习性】　原产于亚洲热带地区。喜温暖、湿润及半阴的环境。生长室温22℃～28℃，低于15℃则停止生长，越冬温度不低于10℃。

【栽培和管理】　盆栽宜用蕨根、树皮、椰壳纤维、苔藓做基质，不能用一般的土壤。选用盆壁及盆底多孔的花盆或塑料筐为容器，栽后浇透水，夏季生长旺期需要多浇水，并经常向叶面及周围环境喷水，保持较高的空气湿度，宜半阴环境，避免阳光直射，每半个月施1次稀薄饼肥水。冬季停止施肥，并置于温暖向阳处，保持基质适当干燥。

【繁　殖】　分株或孢子繁殖。分株时，于4月中下旬将生长健壮的大株从基部分切成3～4丛，使每丛都带有叶片、根茎及根系，并将叶片剪去一半，分别栽植。

【用　途】　鸟巢蕨叶片簇生，向四周放射，叶色碧绿鲜亮，株形优美大度，为著名的室内观赏花卉。常以吊盆栽植。

3. 鹿角蕨

(*Platycerium bifurcatum*)

【产地及习性】　原产于澳洲东部。喜好冷凉天气，生长适温18℃左右。耐寒力强，可耐3℃～5℃的低温，也耐稍干燥的空气，喜明亮的光照。但忌强光照射，否则叶片褪色甚至焦枯。

【栽培和管理】　鹿角蕨最好附生在湿的蕨根或树皮上，或以

吊篮栽植。如用盆栽时，盆土可用水苔、泥灰土与沙各1份混合使用。以附生方式栽植时，蕨根或树皮与鹿角蕨之间要垫以粗泥和水苔等量混合土。用以包住柔软的根团，然后以棉线固定，保持湿润，使根团和营养叶牢牢地贴生在蕨根或树皮上。春、夏生长期需充分浇水，休眠期内应少浇水，只要略微湿润即可。盆栽时，基部营养叶往往盖住盆面，水分难以从上面渗入，浇水时最好把根部浸入水中，生长期每次可浸10～15分钟，使其充分吸水；休眠期每月追肥1次肥料，可把根浸入液肥中或叶面施肥。

【繁　殖】　鹿角蕨可用孢子和分株法繁殖，一般把母株旁长出的幼株分离用于繁殖。近年来，采用组织培养可以繁殖大量的幼苗，幼苗可先用小盆栽植，待根群充分生长并长出3～4片叶片时再以附生方式种植。

【用　途】　鹿角蕨株形奇特，姿态优美，是珍贵的观赏蕨类。适用于点缀客厅、窗台、书房，如悬挂装饰则更为别致，是室内立体绿化装饰中的佼佼者。

4. 苏　铁
(*Cycas revoluta*)

【产地及习性】　原产于我国。喜温暖、湿润、通风良好，光照充足的环境，但忌夏季强光照射，具一定的耐寒和抗冻能力。要求疏松肥沃、排水良好的微酸性沙质土壤。生长期尤喜欢含铁质的肥料。

【栽培和管理】　盆栽苏铁，盆底要多垫瓦片，以利于排水。春、夏叶片生长旺盛，要多浇水，并向叶面和环境喷水，保持湿润，并接受全光照，否则叶片易徒长。每半个月追肥1次，肥料中要加入少量硫酸亚铁，这样能使其多长叶，并使叶色浓绿。入秋天凉后，应搬入室内通风有阳光处，并停止施肥，控制浇水，一般土壤不干不浇；翌年清明后移出室外，越冬温度应保持在5℃以上，0℃以

下会受寒害而烂根黄叶。苏铁生长较慢，从幼苗至开花约需十几年的时间，故有千年铁树开花难之说。其实，只要气候条件(温度和光照)符合它的生长要求，养得好，10年以上的铁树，可以年年开花。铁树开花要求短日照，并满足一定的有效积温，北方栽种苏铁不易开花，就是这两个条件达不到要求。苏铁每年春、夏长1～2轮叶丛，新叶展开成熟后，需将下部老叶剪掉，以保持叶片清新翠绿。在通风不良的环境中，一般生长不好，并易生介壳虫及炭疽病，需要注意防治。

【繁　殖】　播种繁殖。当有雌雄植株同时开花时，经人工辅助授粉易产生种子。采用大粒种子播种法，覆土3厘米厚，种子发芽较慢，播种后约4个月发芽，2～3年后分苗。分苗宜在3～4月份进行，将多年生母株基部萌生的具有3～4枚叶片的蘖芽切下，切口稍干后，栽入含有大量粗沙的腐叶土的盆内，放于半阴处，保持较高的温度和一定湿度，容易成活。

【用　途】　苏铁体形优美，株形规整，叶丛碧绿，潇洒自然，优雅高贵，不论露天还是室内陈设，均给人以庄严肃穆和热带风光之感。

5. 泽米铁
(*Zamia furfuracea*)

【产地及习性】　原产于墨西哥。喜阳和温暖、潮湿、通风良好的环境。耐寒、耐旱，当气温下降到2℃～3℃时，叶色仍青翠。

【栽培和管理】　可用播种或分割吸芽的方法繁殖。播种，用点播法，覆土厚约3厘米，在30℃～33℃的温度下才易发芽。分割吸芽宜在早春3～4月进行，切割时要小心，尽量少伤茎皮，切口涂抹草木灰或硫黄粉，待伤口稍干后，栽在含多量粗沙的腐殖质土的盆内，浇水后放半阴处培养，温度保持在27℃～30℃，较易成活。盆栽时，盆底排水孔稍大，并多垫瓦片，以利于排水。春、夏季

是旺盛生长期，需多浇水并向叶和环境喷水，保持湿润，以利于生长。每半个月追施1次稀薄的饼肥水或矾肥水。炎夏烈日时，宜放半阴处，如阳光直射会使叶色变黄并失去光泽。入秋后控制浇水量，使土壤湿润即可，冬季需入温室越冬。

【用　途】　泽米铁为名贵的大型观叶植物，株形优美，叶形奇特美观，终年翠绿，是园林布景及室内厅堂陈设的佳品。

6. 南洋杉

(*Araucaria cunninghamia*)

【产地及习性】　原产于大洋洲沿海地区。喜温暖湿润的环境，喜光照，但忌夏季强光暴晒。畏寒、怕旱，越冬温度应保持在10℃以上。根系发达，要求深厚、肥沃、排水良好的砂壤土。

【栽培和管理】　盆土可用腐叶土、园土、河沙按3∶1∶1的比例配制。北方可于5月中旬后将盆栽植株移至室外通风向阳处，稍遮荫，避免夏季阳光直射，生长季节要保持盆土及周围环境湿润，但盆内不能积水。每半个月追施1次矾肥水或腐熟的饼肥水。9月下旬移回室内向阳处，并经常转动花盆，以防止植株因趋光而长斜。冬季控制浇水，保持间干间湿，温度应保持在10℃以上。

【繁　殖】　以播种繁殖为主。春季播于净沙中，保持湿润，约10天发芽。扦插多于春季进行，取顶芽长约15厘米为插穗，用流水冲洗去除伤口树脂，插于沙床，深度约为插穗的一半，温度保持20℃～25℃，经常保持较高的空气湿度，4～6周可生根。用100毫克/升的萘乙酸浸泡处理插穗，有利于生根。幼苗喜阴，怕阳光直射，需注意遮荫。

【用　途】　南洋杉叶色浓绿，株形优美而庄重，为世界著名的庭院观赏树种之一。宜盆栽布置会场和厅堂。

7. 西瓜皮椒草
(*Peperomia argyreia*)

【产地及习性】 原产于巴西。喜温暖、潮湿环境，喜半日照和明亮的散射光，生长适温25℃～28℃，越冬温度不可低于12℃。要求疏松透气排水良好的土壤。

【栽培和管理】 盆栽可用园土、腐叶土、河沙等量混合使用，置室内明亮向光的地方。若过于阴暗，则易徒长并使叶片失去斑纹，光线过强也不利于其生长。喜潮湿环境，但浇水不可过多，保持盆土湿润即可，太湿会引起根茎腐烂。夏季气温高，生长旺盛，可每天浇水1～2次；冬季需控制浇水量，不干不浇。生长季节每月追肥 1次，可用充分腐熟的饼肥水或颗粒化肥，施时尽可能地避免与叶面接触。若环境太潮湿，叶片会产生黄斑。通风不良，易被介壳虫为害。

【繁 殖】 可用分株、扦插或叶插法繁殖。分株是当植株长满盆时，将植株倒出分成数盆栽植，结合换盆时候进行。顶芽扦插，取长5～8厘米的顶梢做插穗。叶插则将带有叶柄的全叶摘下，晾半天后，将叶柄完全插入沙质基质中，保持湿润，在气温25℃～28℃条件下，约1个月可生根成苗，但不可用塑料薄膜覆盖，否则易腐烂。

【用 途】 西瓜皮椒草植株小巧别致，叶形奇特，叶色美丽，耐阴性好，适合室内摆设观赏。

8. 白兰花
(*Michelia alba*)

【产地及习性】 原产于喜马拉雅山及马来半岛。喜温暖、湿润，光照充足和通风良好的环境。既不耐阴，又怕炎夏烈日；既不耐干，又不耐湿。怕寒冷，越冬温度应保持在5℃以上，要求疏松、

肥沃、排水良好的微酸性沙质土壤。

【栽培和管理】　盆栽，可用腐叶土加1/3的河沙配成培养土，也可用泥炭土加少量有机肥栽培。每1～2年于4～5月份换1次盆。春、夏、秋季放在室外通风向阳处养护。浇水要充足，保持盆土湿润但忌水涝多湿。盛夏需遮光50%左右，早晚各浇水1次，并向叶面喷水增加湿度。冬季可控制浇水，只要盆土不干燥即可。生长期应每周施1次腐熟的饼肥水或复合化肥。多于早春或晚秋摘除部分老叶，以利于通风透光，并减少养料消耗。白兰花易患炭疽病，易受刺蛾、介壳虫为害，需注意防治。

【繁　殖】　嫁接和扦插繁殖。嫁接，以紫玉兰为砧木，于3月中旬切接，或于5～6月靠接。扦插，于6～7月剪取春季抽发的半成熟枝，剪成长6～10厘米的插穗，插于沙床，遮荫保湿即可生根成活。

【用　途】　白兰花为我国传统芳香花卉。树姿优美，枝叶青翠，花洁白如玉，芳香四溢，幽香清远。南方多做庭荫树、行道树，繁枝高层，绿荫浓密。北方多做盆栽欣赏。

9. 含　笑

(*Michelia figo*)

【产地及习性】　原产于我国广东、福建省。喜温暖、湿润及半阴的环境，不耐干旱和寒冷。要求疏松、肥沃、排水良好的偏酸性土壤。

【栽培和管理】　以扦插繁殖为主，也可以嫁接、播种和压条。扦插，于6月份花谢后取生长充实的当年生枝条，剪成8～10厘米长的插穗，插入沙床一半，覆盖塑料薄膜保湿，并遮荫。移植，宜于3～4月份带土坨进行。

盆土可用腐叶土、园土、河沙按3∶1∶1的比例配制。每1～2年换盆1次。生长季节应经常浇水，保持盆土湿润。夏季遮荫

并向叶面喷水。5～9月份每月追施1次矾肥水或稀薄饼肥水，并经常浇灌0.2%的硫酸亚铁水溶液，以防止叶子黄化。9月底移入温室越冬，室温应保持在10℃～15℃。冬季不施肥，约8～10天浇1次水。

【用　途】　含笑株形优美，叶绿花香，是花叶两佳、形姿俱秀的观赏花卉。它浓香四溢，馥郁可人，又是我国著名的盆栽芳香花卉。

10. 叶子花
(*Bougainvillea spectabilis*)

【产地及习性】　原产于巴西。喜温暖、湿润和光照充足的环境，生长适温18℃～24℃。不耐寒，越冬温度应保持在7℃以上。耐修剪，忌水涝。要求肥沃、排水良好的砂壤土。

【栽培和管理】　叶子花适应性强，生长快，盆土可用园土与腐叶土各半混合，上盆前施足鸡粪或饼肥做基肥，置通风向阳处养护。生长季节应该经常浇水，保持盆土湿润，每半个月追施1次饼肥水或复合化肥。由于花开在新枝上部，所以应经常短截修剪。盆栽，可剪成圆头形，使其分枝多，花密，形成美丽的树冠。地栽，要设立支架，让其攀援，每周施氮肥1次，花期应施磷、钾肥2～3次。花后修剪，开花繁盛。叶子花为短日照花卉，为使其早日开花，6～7月份可持续控制水分，使之强行落叶，待抽生新枝，现出红色小叶时，再恢复浇水、施肥，这样9～10月份便可以开花。冬季应控制浇水，使其充分休眠。

【繁　殖】　多扦插繁殖，也可以压条。扦插一般于5月份进行，剪取1年生半木质化或已木质化的枝条，剪成长8～15厘米的插穗，插入沙床，在21℃～25℃的气温下，约1个月后生根，2个月后可移栽上盆。插穗在20毫克/升的萘乙酸中浸泡24小时，对其生根有促进作用。叶子花也可以水插繁殖，每年春季从健壮植株

上剪取长15~20厘米的1年生枝条，数根一束，插入洁净的广口瓶中，瓶中盛水2/3，插穗放入水中1/3，用物品固定，瓶外用黑色纸包裹，勿使透光，以利于伤口愈合和生根，每天换水，经15~20天，插穗即可生根，不久即可上盆栽植。

【用　途】　叶子花苞片大而美丽，鲜艳似花，红花绿叶，繁华似锦，花开灿烂，极其美观。长江以南多置于庭院花坛或做花篱；北方多盆栽。将其放入温室越冬，可修剪成各种造型。由于其枝条蔓生，也是理想的垂直绿化材料。

11. 橡皮树
(*Ficus slastica*)

【产地及习性】　原产于印度。喜温暖、湿润气候，喜光，也较耐阴，不耐寒冷。生长适温20℃~25℃，越冬温度应保持在10℃以上。喜疏松、肥沃、排水良好的砂壤土。

【栽培和管理】　扦插繁殖。于5~9月份剪取长约10厘米1年生或当年生枝条做插穗，伤口涂抹草木灰，稍干后，插入沙床，保持湿润，注意遮荫，约1个月后可生根。

盆栽幼苗应放半阴处，大株夏季需要遮光50%，每天浇水，并向叶面喷水2~3次，否则叶缘易枯焦，生长期间每月施1次以氮为主的复合肥或腐熟稀薄饼肥水。橡皮树顶端优势较强，需要进行摘心或短截，以促进分枝，使株形丰满匀称。幼株每年换盆1次，5~7年生的大株最好移在木桶内，以后多不再换桶，只需每年追肥2~3次，即可枝繁叶茂。秋、冬季停止施肥，控制浇水。冬季温度低于5℃~8℃则易受冻害。

【用　途】　橡皮树株形优美，叶大光亮，四季常青，盆栽摆放在室内，清丽脱俗，美观大方。

12. 龙牙花
(*Erythrina corallodendron*)

【产地及习性】 原产于美洲热带。喜高温多湿和光照充足的环境，不耐寒，稍耐阴，宜在排水良好、肥沃的砂壤土中生长。

【栽培和繁殖】 主要用扦插繁殖，以4～5月为最好。剪取15～20厘米长健壮充实的枝条，插入沙床，保持阴湿环境，插后15～20天生根。盆栽注意矮化管理，每年春季换盆，并进修剪整形，剪除枯枝和短截长枝，促使多形成花枝。生长期每半个月施肥1次，花期增施1～2次磷、钾肥。盛夏要保持盆土湿润。冬季对于老株适当截干更新，以促进重发新枝。

【用 途】 龙牙花树形扶疏，初夏开花，深红色的总状花序像一串红色象牙，艳丽夺目。适用于公园和庭院栽植，也可盆栽用以点缀室内环境。

13. 金苞花
(*Pachystachys lutea*)

【产地及习性】 原产于秘鲁。喜温暖、湿润和光照充足的环境，忌夏季强光直射。要求疏松 、肥沃和排水良好的酸性培养土。

【栽培和繁殖】 扦插繁殖。夏、秋季采用长8～10厘米当年生嫩枝插入酸性基质中，注意喷水保湿，并遮荫，约20天生根成活。盆栽基质，宜用腐叶土或泥炭土，置避风向阳处养护，注意浇水，保持土壤湿润。光照要充足，否则不开花。但夏季需遮光50%，并注意喷水保持环境湿润。生长季节每周浇1次稀薄的矾肥水或0.2%硫酸亚铁水溶液，否则叶片易黄化脱落。生长早期应适当摘心以促使多分枝，多开花。冬季将其放入室内越冬，应保持10℃以上的室温，土壤保持适当干燥。

【用 途】 金苞花枝繁叶茂，金苞银花，非常美观，为优良的

温室盆栽花卉。

14. 米 兰

(*Aglaia odorata*)

【产地及习性】 原产于我国热带及亚热带地区。喜温暖、湿润、光照充足的环境。气温在25℃以上时，生长旺盛。新枝顶端叶腋孕生花穗，怕干旱，忌寒冷，越冬温度应保持在12℃以上，要求疏松、肥沃的微酸性土壤。

【栽培和管理】 盆土可用腐叶土、园土、河沙按3∶1∶1的比例混合配制，并加适量的腐熟有机肥做基肥。小苗需遮荫，切忌阳光暴晒； 大株喜阳，可给予充分的光照。生长期浇水要间干间湿，不可浇水太多，夏季需向叶面喷水，以增加湿度，宜每2周施1次腐熟的饼肥水或矾肥水。花后要进行适当修剪，剪除枯枝和过密枝，对中央部位的枝条进行短截摘心，促发大量侧枝，以利于翌年花繁叶茂。冬季需在12℃以上的向阳室内养护。在气温高，通风条件差的环境下，易生介壳虫，易染黑霉病、叶斑病，需注意防治。

【繁 殖】 扦插或高空压条繁殖。扦插，于6～8月份剪取长约10厘米的顶端嫩枝，去掉下半部分叶片，插于用河沙或珍珠岩各半混合的基质中，浇透水，覆盖塑料薄膜保湿，50～60天生根。高空压条，宜于5～8月份选1～2年生壮枝环状剥皮（宽约0.5厘米），待伤口稍干后用湿苔藓或湿锯末包裹，并用塑料薄膜包好，上下扎紧，约2个月生根。生根后，可剪离母株另行盆栽。

【用 途】 米兰枝繁叶茂，株形秀丽，叶色翠绿光亮，花色金黄，其形如金粟，幽香似兰，香气袭人，是深受人们喜爱的芳香花卉。北方多盆栽供观赏。

15. 九里香

(*Murraya exotica L*)

【产地及习性】 原产于中国云南、广东、广西、福建、台湾等地，以及亚洲其他一些热带及亚热带地区。性喜气候温暖，不耐寒，北方地区均做盆栽，越冬室温不可低于5℃。又喜环境湿润而较耐阴，稍耐干旱，忌积涝，对土壤要求不严。但盆栽仍以疏松、肥沃、富含腐殖质、通透性能强的中性培养土为好。

【栽培和管理】 盆植，宜选稍深而大、透气性好的盆。如用塑料筒盆种植，宜在盆底垫一层碎硬塑料泡沫块，以增强透气、排水。每年清明前后翻盆换土1次，并将枯枝、病虫枝剪掉，缩剪徒长枝、过长枝，疏剪过密枝。浇水要适度，孕蕾前适当控水，促其花芽分化，孕蕾后及花果期，盆土以稍偏湿润而不渍水为好。九里香喜肥，上盆或翻盆换土时，宜在培养土中掺些骨粉或氮、磷、钾复合肥，生长期每半个月左右施1次氮、磷、钾复合肥。最适宜生长温度为20℃～32℃。不耐寒，冬季当最低气温降至5℃左右时，移入低温(5℃～10℃)室内越冬，九里香是阳性树种，宜置于阳光充足、空气流通的地方才能枝叶繁茂，花多而香。

【繁　殖】 一般采用高压法繁殖，于5～6月选生长健壮的枝条，在适当部位用利刀刻伤树皮，以苔藓和腐叶土混合做保湿土，用塑料薄膜包扎好，常喷水保湿，2个月左右伤口愈合长新根，9～10月剪下解开薄膜，植于盆中，按常规养护，2～3年可开花。此外，也可用分株法繁殖，于春季用利刀切取从老株根部蘖生的带根子株，用盆另栽，先置阴处2周，而后移至向阳处养护即可。

【用　途】 九里香株姿优美，枝叶秀丽，花香浓郁，雅俗共赏。

16. 代　代

(*Citrus aurantium* var. *amara*)

【产地及习性】　原产于我国浙江。喜温暖湿润气候，要求阳光充足、通风良好的环境。生长适温22℃～28℃。越冬可耐0℃以下的低温。要求排水良好、疏松、肥沃的微酸性土壤。忌土壤过湿。

【栽培和管理】　盆栽，盆土宜用腐叶土掺1/3的河沙和腐熟有机肥配制，每2～3年于春季换盆，在春梢抽发前进行整形修剪，并剪除枯枝、密枝；对当年生夏梢和秋梢短截1/3～1/2，以促使萌发粗壮新枝。春、夏季应经常浇水，保持湿润。秋季后浇水由多到少，至冬季要控制浇水，掌握干则干透、浇则浇透的原则。代代喜肥，宜勤施肥，生长旺季每月追施3～4次腐熟饼肥水，同时对叶面喷洒0.1%磷酸二氢钾溶液。花期和果实初结时施肥会引起落花落果，故应停止施肥。当果实已生长较大时，可追施磷、钾肥催长，及至秋末，果实已经成熟，要施以重肥，以氮、钾肥为主。清明节以后出房，先放向阳避风处，平时要光照充足，盛夏应遮荫，防止烈日暴晒。若通风不良，易生介壳虫、红蜘蛛、煤烟病等，需注意防治。

【繁　殖】　扦插和嫁接繁殖。扦插，通常在5月剪取10厘米左右长的1～2年生充实枝条做插穗，剪去下半部分叶子，以园土、河沙各半为基质，保持湿润并且遮荫，约2个月可生根。冬季放入温室越冬，翌年春季分栽上盆，嫁接宜在4月下旬至5月上旬进行，以2～3年生枸橘为砧木切接或靠接，成活后经2～3年培育可开花结实。

【用　途】　代代花白如玉，浓香扑鼻，绿叶金果可生长2～3年不凋，丰硕可观，为庭院、厅堂绿化装饰的上等材料。

17. 佛 手
(*Citrus medica* var. *sarcodactylis*)

【产地及习性】 原产于亚洲热带地区。喜温暖、湿润及光照充足的环境。生长适温25℃～30℃，忌夏季强光暴晒，不耐阴，怕严寒，喜疏松、透气、排水良好、湿润和肥沃的微酸性沙质土壤。适宜pH值为5.5～7。

【栽培和管理】 盆土可用腐叶土、园土加适量河沙和基肥配制。佛手好肥，如不及时施肥会落花落果，但施肥不可过浓，施肥应分4个阶段：春梢生长期为3月下旬至6月上旬，每周施淡肥1次；生长旺盛期为6月中旬至7月中旬，即盛花期和结果期，结合浇水，每3～5天施1次磷、钾肥；7月下旬至9月下旬为果实生长期，每10天施钙、磷、钾复合肥1次，少施氮肥；10月份以后为果实成熟期，结合浇水，施稀薄饼肥水，以恢复树势，促使花芽分化并提高抗寒性。

生长旺盛期应及时浇水，尤其在高温和炎夏期间早晚都要浇水，还要喷水，保持半湿状态即可，不可忽多忽少，以防止落花、落果，也不要向花上喷水，并防止雨淋。秋后气温下降，浇水应相应减少。冬季进入休眠期，浇水应加控制，盆土保持湿润即可，切忌过湿过干。越冬室温应保持在5℃以上，对植株应加修剪，剪去春梢、夏梢。开花结果期，要将枝干上萌生的新芽抹去，否则会落花结果。立秋后发的秋梢粗壮，宜作为翌年开花结果的母枝加以养护。生长期可开花3～4次，其中以6月份的花坐果率为高，且果大丰满端正，其他季节开的花可摘除。若坐果较多，应疏掉弱果、小果，保留壮果；疏长枝上的果，留短枝上的果；疏簇生于花序上的果，留单生花的果；疏腋生的果，留顶生的果。总之，留果不宜太多，视植株大小而定。佛手易患炭疽病、煤烟病，易生介壳虫、红蜘蛛、潜叶蛾，应注意及时防治。

【繁　殖】　扦插、嫁接或高空压条繁殖。扦插，于6～7月剪取长约20厘米1～2年生的健壮枝条，插入沙床，注意遮荫保湿，约1个月后生根。嫁接，以香橼或柠檬作砧木，于5～6月份切接，1～2个月后成活。

【用　途】　佛手青枝绿叶，金果生辉，状如手掌，形状奇特，又能散发出醉人的清香，为名贵的盆栽观果花卉。

18. 金　橘

(*Fortunella margarita*)

【产地及习性】　原产于我国南部。喜温暖、湿润和光照充足的环境，生长适温为20℃～28℃。较耐寒、耐旱，稍耐阴。要求土层深厚、肥沃、排水良好的微酸性砂壤土。

【栽培和管理】　多行嫁接繁殖。以枸橘、酸橙或播种实生苗为砧木，于3～4月份枝接或6～9月份芽接。盆土可用腐叶土或园土、河沙和基肥按2∶1∶1的比例配制。也可用泥炭土栽培。每2年换盆1次，换盆时修剪整形，并浇透水，置阳光充足处养护。生长期宜追施磷、钾肥，开花时要追施保花肥，并适当疏花。坐果后根据长势可疏果1次，使每枝上结果3～4个，需及时抹除秋梢，不使其二次结果，以利于果型大小和成熟度一致。冬季放室内向阳处越冬，盆土应适当干燥。

【用　途】　植株小巧玲珑，枝叶茂密，花香四溢。夏日，碧叶白花，芳香宜人；冬日，绿叶金珠，鲜艳夺目。为秋、冬观果花卉之佳品。

本属常见栽培的还有金弹和四季橘。金弹叶厚而硬，边缘常向叶背面反卷，果大而圆。四季橘又名月月橘，为金橘和橘的杂种，矮生无刺，四季开小白花，同一树上四季花果共存，几代果实并挂，玉花芬芳，金果生辉，为观果花卉之名品，深受人们喜爱。其栽培和繁殖方法同金橘。

19. 变叶木

(*Codiaeum variegatun* var. *pictum*)

【产地及习性】 原产于马来西亚。喜高温、多湿及阳光充足的环境，不耐阴，不耐寒。越冬温度应保持在15℃以上，否则易受寒而落叶。喜肥沃、黏重的偏酸性土壤。

【栽培和管理】 于4～6月份剪取长约10厘米生长粗壮的顶端嫩枝，切口涂以草木灰，去掉下半部分叶片，稍晾干伤口后插入沙床，浇透水，覆盖塑料薄膜，在25℃条件下，3周即可生根。也可以在夏季高温时期进行水插，每3～5天换1次清水，4周后可生根。

培养土可用腐叶土和黏土各半配制。4～8月份为生长盛期，应给予充足的水分，秋、冬季可以减少水量，但要注意叶面喷水，经常保持室内温暖和潮湿，并适当通风。生长期宜每月施1次复合化肥或矾肥水，除炎夏中午前后适当遮荫外，其他时间和季节可接受全光照。一般光照越强，叶色越鲜亮。

【用　途】 变叶木叶形变化多端，千奇百怪，绚丽多彩，是观叶植物中的佼佼者，盆栽观赏极具价值。

20. 一品红

(*Euphorbia pulcherrima*)

【产地及习性】 原产于墨西哥。属短日照花卉，喜温暖气候。白天生长适温25℃～30℃，夜间18℃。花期适温18℃～20℃。喜光，要求光照充足。既不耐旱，也不耐涝，喜疏松、肥沃、排水透气的微酸性土壤。

【栽培和管理】 可用腐叶土和园土按2∶1的比例，再加入少量的河沙和基肥配成培养土，置于阳光充足处养护。生长期间需充分浇水，使土壤经常保持湿润，不宜过干过湿，否则易落叶。盛

夏可适当遮荫。6～9月份生长旺季可每10天施1次以磷为主的饼肥水或复合化肥。开花期间停止施肥。冬季盆土要保持适当干燥，从春季至夏季生长期间摘心2～3次，以促生侧枝，并使其矮化，多开花。一品红生长较快，为使株形匀称美观，应及时整枝作弯，也可以喷施0.3%～0.5%矮壮素溶液2～3次，使其矮壮。每年花后，需换盆并且进行修剪，剪去枯枝、过密枝，并在留存的枝条基部5厘米处短截。如果想提前开花，可做人工遮光短日照处理，每天见光9小时，约45天开花。一品红常受红蜘蛛、白粉虱为害，易患煤烟病，需注意防治。

【繁　殖】　以扦插繁殖为主。分硬枝扦插和软枝扦插。硬枝扦插可在花后进行，剪取长10～12厘米健壮的1年生枝条做插穗，伤口涂抹草木灰，稍干后插入培养土中，1天后再浇水。嫩枝扦插，当嫩枝长有6～8片叶片时，取6～8厘米长、具有3～4节的嫩梢，去除基部叶片，立即投入清水中或涂抹草木灰以阻止乳汁外流，稍加晾干，插入排水良好的土壤中，保持温度18℃～25℃，经常浇水保持湿润，并给予遮荫，约15～20天后可生根，再经2周后可移植上盆。

【用　途】　一品红苞片大而显著，色彩艳丽夺目，株形美观秀丽，花期长，且正值元旦、春节开放，最适宜盆栽室内陈设，碧叶红花，满室生辉，以烘托节日气氛，也可做切花。

21. 虎刺梅
(*Euphorbia milii*)

【产地及习性】　原产于非洲马达加斯加岛。喜温暖和光照充足的环境，不耐寒。既不耐干旱，也不耐水湿。生长适温18℃～28℃。

【栽培和繁殖】　扦插繁殖，在整个生长期都可以进行。取充实、成熟的茎段，剪成长7～8厘米做插穗，放阴凉处晾干伤口，或

插在草木灰中吸干汁液，然后扦插于河沙中，保持基质潮湿而不过湿，约1个月可生根。

用园土掺沙做培养土，幼苗每年春季换盆，大株可2～3年换盆1次。需控制浇水量，夏季可以多浇水。若土壤湿度过大，则生长不良，甚至腐烂死亡。生长期间可每月追肥1次，并置阳光充足处，否则只长叶不开花。冬季室温保持15℃以上时可继续开花，10℃以下休眠。休眠时土壤应保持干燥，枝条过长时可短截修剪。

【用　途】　虎刺梅茎枝奇特，株形美观，花色鲜艳，万绿丛中朵朵红，艳丽夺目，且花期长，适宜盆栽供冬、春室内观赏，也可做盆扎造型。

22. 金刚纂

(*Euphorbia antiquorum*)

【产地及习性】　原产于印度。喜高温气候，要求光照充足，耐干旱，不耐寒。喜排水良好的沙质壤土，生长适温22℃～35℃。

【栽培和管理】　扦插繁殖。在生长季节切取分枝或嫩茎在阴处晾干，或在伤口上涂抹草木灰，使乳汁吸干，然后插入沙床中，置半阴处，不可浇水，只向叶面喷水，1周后再浇水，以维持基质湿润，保持插穗不蔫，约1个月生根。

金刚纂适宜在温暖处生长，北方需在温室栽培，要求阳光充足。浇水要控制，土壤宜稍偏干，切忌水湿。生长季节可每1～2个月施1次稀薄饼肥水。夏季生长较快，需注意修剪整理。长期室内栽培，易受介壳虫为害，需注意通风，并加以防治。

【用　途】　金刚纂枝株高大，刚劲有力，茎叶青翠。南方多做庭院树或绿篱栽培，北方温室栽培，具有较高的观赏价值。

23. 麒麟角冠

(*Euphorbia neriifolia* var. *cristata*)

【产地及习性】 原产于印度。喜光照充足、温暖至高温少湿的气候。耐寒，耐干旱，怕水涝，对土壤要求不严，但以富含有机质和排水良好的沙质壤土为佳。

【栽培和管理】 扦插繁殖春、夏、秋三季均可进行。切取适宜大小的分枝，伤口涂抹草木灰或硫黄粉，阴干2~3天，插入河沙或栽培用土内，置阴处，3天后浇水，保持基质适当干燥和环境湿润，避免基质过湿，以免腐烂，1个月左右生根成活。

栽培用土可用腐叶土、园土、河沙按2:1:1的比例配制。麒麟角冠生活力较强，喜光，但在半日照条件下也能正常生长。喜通风良好的环境。土壤宜偏干些，切忌水湿。生长季节可每1~2个月施1次稀薄饼肥水。长期在室内栽培不通风，易生介壳虫，需注意防治。

【用　途】 麒麟角冠茎绿色，扁平如扇，或扭曲如鸡冠，布满纵棱和突出的刺座，顶部着生翠绿色的叶片，分枝错落，形态奇异独特，极具观赏价值。南方多置于庭院，北方多做温室栽培。

24. 杧　果

(*Mangifera indica*)

【产地及习性】 杧果原产于印度。喜光，喜高温多湿气候，不耐寒，不耐干旱和瘠薄，喜肥沃、湿润的土壤。宜植于土层深厚、日照充足、排水良好之地。

【栽培和管理】 北方盆栽，要求环境温度保持在18℃~30℃，冬季最低温度为8℃左右。夏季需遮荫，避免烈日灼伤叶片。播种或芽接法繁殖。播种时，将种子两端扁平无胚乳的外壳剪去，平放在以泥炭为主的疏松基质上，盖上2厘米厚的基质。浇

足水，以后保持湿润状态，约20天发芽。当植株长至25厘米高时采取矮化措施。常用的矮化措施有以下两种：一是用生长调节剂处理。用10～15毫克/升多效唑溶液直接浇在植株根颈附近，也可用500毫克/升比久或矮壮素溶液喷洒枝叶。若叶色浓绿，变厚，生长变慢，即为有效。二是控肥水，勤修剪。果实对水肥比较敏感，减少水肥供应可明显地抑制生长。也可修剪根和茎，杧果主根明显，剪去其主根，生长势明显减弱。

【用　途】 杧果树冠广阔，树姿雄伟美观，叶层紧密，叶色革质光亮，嫩叶色彩富于变化，为热带优良的园林风景树。矮化后盆栽，为著名的观果植物。

25. 发财树
(*Pachira macrocarpa*)

【产地及习性】 原产于墨西哥。喜温暖、湿润气候。生长适温为20℃～30℃，越冬温度不得低于5℃。喜光照，除夏季需遮光50%左右外，其他季节可全光照。但也较耐阴，耐旱，不耐水湿。对土壤要求不严，但以疏松透气、排水良好的砂壤土为宜。

【栽培和管理】 盆土以排水良好且富含腐殖质的砂壤土为佳，可用腐叶土、园土、粗沙按2∶1∶1的比例混合配制。也可用塘泥或泥炭土栽培。浇水以保持盆土湿润为度，要间干间湿，切忌盆内积水。一般夏季每2～3天浇水1次，春、秋季4～5天浇水1次，冬季不干不浇，浇水过多则生长不良或引起根部腐烂。生长期间宜每月追施1次腐熟的有机液肥或复合化肥，宜多施磷、钾肥，以促使茎基肥大饱满，要少施氮肥。上盆时要浅植，膨大的根颈部分要外露。为保持良好的株形，可进行短截修剪，以控制高度，并保持叶片层次分明有致。剪后很快又会在剪口下长出新芽。

【繁　殖】 播种或扦插繁殖。播种，宜用新鲜的种子，播种后4~6天发芽，幼苗生长迅速，实生苗茎干基部自然肥大。扦插，可

用枝梢插入河沙中，保持湿润，较易成活，但是扦插苗的基部不肥大。

【用　途】　发财树盆栽多为3～5株编成一辫作桩景，美丽潇洒，翠绿宜人，且取名吉利，是深受人们欢迎的室内新潮观赏花卉，非常雅致。

26. 秋海棠
(*Bagonia semperflorens*)

【产地及习性】　原产于巴西。喜温暖、湿润和半阴的环境，怕干燥和积水。生长适温18℃～20℃，忌高温和强光直射，怕雨淋。不耐寒，越冬温度应保持5℃以上。

【栽培和管理】　盆土宜疏松透气，富含有机质。可用腐叶土或泥炭土栽培，置半阴处养护。生长季节浇水要充足，但盆土不能过湿，可叶面喷水保持较高空气湿度，每10天追施1次复合化肥或腐熟饼肥水。花后要进行摘心，将开花顶端一节嫩枝连残花一同摘去，同时剪除徒长枝或衰弱枝，以促使基部腋芽萌发长成新枝。在春、秋季节，摘心后约15天又能在嫩枝顶端再现花蕾，反复摘心既能压低株高，又可使植株棵大花多。夏季炎热，呈半休眠状态，要控制浇水，并置通风凉爽的半阴处，冬季可给予充足光照，以便继续生长开花。该种易患猝倒病，通风不良易生介壳虫，需注意防治。

【繁　殖】　播种、扦插或分株繁殖。播种，宜用当年新收种子，春播或秋播，播后盆底浸水，盖上玻璃，保持室温20℃～24℃，1～2周后发芽，有2片真叶的及时留苗，有4片真叶的分栽上盆。扦插，于春、秋季选择生长健壮的顶端嫩枝做插穗，长约10厘米，插入沙床，约2周后生根，也可水插，夏季高温多湿，插穗易腐烂。分株多于春季换盆时进行。

【用　途】　秋海棠为小型盆栽花卉，花叶娇嫩美丽，姿态优

美；叶色多彩，光泽透亮；花朵成簇，四季有花，又较耐阴。是室内绿化的良好装饰品，也可地栽，布置花坛。

27. 球根秋海棠
(*Begonia tuberhybrida*)

【产地及习性】 由原产于南美洲的10多种秋海棠杂交而成，喜温凉、湿润和半阴的环境。不耐高温，若温度超过32℃则茎叶枯萎，甚至块茎死亡。生长适温为15℃～25℃。要求疏松透气，排水良好的微酸性土壤。

【栽培和繁殖】 播种或扦插繁殖。于早春室内播种，在温度为18℃～21℃的条件下，2～4周出苗。扦插，于春季切取母株上长约10厘米的带叶嫩枝，插于沙床，遮荫并保持湿润，约3周生根。

盆栽用土可用腐叶土、泥炭土加少量河沙配制，栽植不宜过深，将块茎的一半露出土面，过深则易腐烂。生长期保持盆土湿润，避免过度干燥或潮湿。浇水不可喷到花叶上，否则易生霉菌病。每2周施1次稀薄饼肥液。花后节制浇水，茎叶干枯休眠后，可剪去残叶，保持盆土干燥或将块茎取出沙藏，保持8℃～10℃的温度，即可安全越冬。翌年2～3月份上盆栽植。该种易患根腐病，需注意防治。

【用　途】 球根秋海棠姿态优美，花朵硕大丰满，花色艳丽诱人，盆栽作室内摆设，娇媚动人，深受人们喜爱。

28. 长寿花
(*Kalanchoe blossfeldiana*)

【产地及习性】 原产于马达加斯加。喜温暖和阳光充足的环境，对土壤要求不严，耐干旱。为典型的短日照植物。

【栽培和繁殖】 以扦插繁殖为主，也可播种繁殖。枝插、叶插

均很容易成活。在温度适宜的情况下，全年均可扦插。一般以春、夏扦插为宜，剪取带3对叶片的枝条，去掉下面1对叶，插于素沙土中，约10天可生根。宜用疏松、排水良好的基质，可用腐叶土、园土、河沙等量配合做培养土。在栽培过程中，不宜浇水过多，应间干间湿。生长旺期每月施1次含磷量高的液肥。花谢时及时剪去花枝，以促发侧枝，使将来开更多的花。冬季入室保暖，越冬温度不低于12℃。春季翻盆1次。

【用　途】　盆栽供室内观赏，既可观叶又可观花。也可在秋季布置花坛。

29. 仙人掌科肉质花卉

【产地及习性】　仙人掌类原产于墨西哥、美国、秘鲁等地，多生于干旱地带、沙漠和全年降雨量少而且较集中的地区，植物仅在这段降雨期开花生长。仙人掌极耐干旱，生长缓慢，可不必施肥。适宜疏松干燥，富含钙质，中性偏碱性的沙质壤土。

【栽培和管理】　仙人掌根部发育不发达，故盆栽用盆不必过大，一般宜用泥盆。仙人掌不需经常换盆，一般每隔1~2年，在不伤根的情况下，只换新土就行。盆栽用土一般可用园土3份、河沙6份、腐殖土1份的比例混和，也可用炉灰，主要是忌酸性土。因此，可以在土中加入少量石灰。置温暖、干燥、阳光充足处养护。若长期置于阴湿的环境中，易患锈病。

仙人掌类植物多刺，若要换盆，可用硬纸把植株包裹起来，手就不会与刺接触了。换盆时要把球根附着的泥土抖掉，对老根进行修剪，晾干之后，换土上盆。

【繁　殖】　扦插或嫁接繁殖。扦插以4月下旬到5月上旬进行为宜，用利刀把茎切断，放在阴凉处，晾1~2天，待切口干燥后植入沙土中。2天后再浇水，浇水要少量多次。初期可用报纸遮

盖，以防止强光照射和干燥。嫁接可在3~10月、气温为15℃~30℃时进行。但最好是在接穗和砧木都处在开始生长时期嫁接，这时维管束的分生细胞最活跃，接穗与砧木容易愈合在一起，而有利于嫁接成活。嫁接方法多采用平接和插接。平接，就是将砧木顶部切削平整，再把接穗下部削平，然后将接穗合在砧木上，应使二者的维管束(即二者的中心)紧密接触，两个切削平面要紧密吻合，最后用线将接穗和砧木绑缚牢固，不能使其移位、错位或脱离；插接，也称楔接或劈接，主要用在接穗为扁平形茎枝，如嫁接蟹爪兰，所用砧木多为柱形及掌状仙人掌。先在砧木有维管束部位用刀劈开一裂口，深及中央髓部，再将扁平的接穗基部在大面斜削两侧呈楔形，露出维管束，然后插入裂口，并用仙人掌的长刺将两者插连固定，放阴处或用遮光罩套住，约10天可以愈合，轻轻去除镇压物及绑缚的绳子，并置阳光充足处做常规养护。

常见栽培的仙人掌种类有以下8种。

(1) 金　琥
(*Echinocactus grusonii*)

【产地及习性】　原产于墨西哥中部的干旱沙漠及半沙漠地区，喜含石灰质及石砾的沙质壤土。夏季宜半阴，以防顶部灼伤。生长适温20℃~25℃，越冬温度宜8℃~10℃以上。

【栽培和繁殖】　栽培容易，播种或扦插繁殖。每隔1~2年进行1次剪根换土，于4~9月晴天进行，剪根前3~4天停止浇水，剪根时先松动盆土，然后提出金琥去除根土，剪短根系，仅留长6~8厘米，放通风阴凉处晾5~6天，更换新的培养土后重新上盆。浇透水，放半阴处10天左右，然后进行常规管理。

【用　途】　金琥为仙人掌球形品种中最具魅力的代表性种类。球体规整圆大，体积大，寿命长，较具观赏性，多盆栽供观赏。

(2) 星　球
(*Astrophytum asterias*)

【产地及习性】　原产于墨西哥，性强健，喜阳光充足，耐干旱，不耐寒。生长适温为20℃～25℃。

【栽培和繁殖】　多播种繁殖，宜春播，3～4年后开花。也可采用切除球体生长点的办法，促其长出子球，以量天尺为砧木，进行嫁接。

盆土宜用排水良好、富含石灰质的沙质壤土。可用等量的腐叶土、园土、河沙及少量石灰混合配制。栽植不宜太深，生长期要充分浇水。夏季需稍遮荫。冬季室温应保持8℃～10℃，盆土需稍干燥。

(3) 鸾凤玉
(*A. myriostigma*)

茎球形，具5～6棱，棱明显，呈脊状，无刺，具多数白色小点。花常数朵同时开放，黄色，长约5厘米。

栽培繁殖同星球。

(4) 山影拳
(*Cereus sp. f. monst*)

【产地及习性】　原产于西印度群岛至阿根廷等地。性强健，喜光照，耐干旱，也耐半阴，冬季可耐5℃低温，喜排水良好的砂壤土。

【栽培和繁殖】　多扦插繁殖，宜于春、秋季进行。选生长充实的变态茎切下阴晾数日，待切口干燥后插入培养土中。插后不要浇水，只需稍喷水，保持盆土稍潮润，这样有利于生根，并防止腐烂。

盆土可用腐叶土、园土、河沙等量混合，生长期需置通风向阳处，盆土宜稍干燥，浇水要间干间湿，不必施肥，否则易徒长变形。夏季高温要放在通风良好处，并经常喷水，以增加空气湿度。要注意防止红蜘蛛为害。

【用　途】 山影拳分枝起伏层叠，郁郁葱葱，盆栽摆设于窗台，非常雅致且极具自然情趣。

(5) 绯牡丹

(*Gymnocalycium mihanovichii* var. *friedrichii*)

【产地及习性】 原产于巴拉圭。喜温暖和光照充足的环境。生长适温20℃～25℃，越冬温度不能低于8℃。

【栽培和繁殖】 嫁接繁殖，宜于春季或初夏进行。由于球体没有叶绿素，不能自养，必须用绿色的量天尺或仙人球作砧木。生长期要求阳光充足，除夏季高温时要适当遮荫外，其他季节都要求多见阳光。环境宜保持干燥。

(6) 彩　云

【产地及习性】 原产于中美洲波多黎各。喜温暖低地，对寒冷非常敏感。生长适温15℃～25℃，夏季要遮荫、通风。越冬温度不可低于10℃。

(7) 琥　头

【产地及习性】 原产于美国加利福尼亚南部干旱地区。生长适温20℃～25℃，30℃以上生长迟缓，超过35℃则进入夏眠。冬季需保持3℃～5℃，盆土要干燥。

繁殖多用切顶促生子球，进行扦插或嫁接。

(8) 翁 柱

【产地及习性】 原产于墨西哥干旱地区。适应性强，喜空气潮湿、阳光充足、通风良好的环境，夏季可耐40℃高温，冬季可耐0℃低温。

另有黄翁，植株矮小，柱状不分枝，刺毛黄褐色。

30. 令箭荷花

(*Nopalxochia ackermannii*)

【产地及习性】 原产于墨西哥中部、南部和玻利维亚。喜温暖、湿润和光照充足的环境。耐干旱，不耐寒，越冬温度应保持10℃以上，夏季要求通风和轻度的光照，不可强光暴晒。要求疏松、肥沃、排水良好的中性或微酸性砂壤土。

【栽培和管理】 扦插繁殖，多与春季剪取生长充实的叶状茎，截成长约15厘米的小段，阴晾1~2天，待伤口干燥后插入培养土中。置半阴处，2~3天喷水1次，并保持土壤湿润，约30天可生根。

盆土可用园土2份、河沙1份、有机肥1份混合而成。3~4月间正是孕蕾时期，应该多施肥，多浇水，开花时停施肥，少浇水。生长期盆土应该间干间湿。夏季半休眠，应置于通风凉爽的半阴处，浇水不可过多，盆土保持稍干燥，并防止过于荫蔽，以免徒长影响开花。生长旺盛期每半个月施1次腐熟饼肥水，生长过程中要不断地进行修剪整形，待枝条长到适当高度时要打顶短截，并及时掰除枝条两侧发出的新芽，促使基部发出新的茎枝。春季现蕾后，每个枝条只保留3~5个，其余的去掉。开花2年的枝条逐渐老化，因此，3年以上的枝条应从基部剪去。大株要设立支架，以免倒伏。花开时去掉雌蕊，可延长开花时间。冬季应置于温暖向阳

的室内越冬，并保持土壤适当干燥，过湿易烂根。令箭荷花常受介壳虫为害，需注意防治。

【用　途】　令箭荷花姿态优雅，花色艳丽，朵大可观，生性强健，是深受人们喜爱的室内盆栽花卉。

31. 昙　花
(*Epiphyllum oxypetalum*)

【产地及习性】　原产于南非、墨西哥等地。喜温暖、湿润的环境，夏季忌直射阳光暴晒，需遮荫。喜排水良好的稍带黏性的壤土。

【栽培和管理】　同令箭荷花。

32. 火龙果
(*Hylocereus undatus*)

【产地及习性】　火龙果起源于中美洲热带雨林地区。耐旱，耐高温，对土质要求不高。越冬温度应在8℃以上。

【栽培和繁殖】　多扦插繁殖。一年四季均可种植，因其根系喜欢透气，故种植时不可过深，一般覆土厚3厘米左右，初期应保持土壤湿润。火龙果植后大约14个月开始开花结果，边开花边结果。肥料要薄施勤施，由于火龙果采收期长，要重施有机质肥料，氮、磷、钾复合肥要均衡长期施用。开花结果期间要增施钾肥和镁肥，以促进果实糖分积累，提高品质和糖度。适时摘心，当枝条长到1米左右时应摘心，促进分枝，并让枝条自然下垂，积累养分，提早开花结果。修剪枝条，结过果的枝条每年采收结束后要剪除，让其重新长出新枝，以保证翌年的结果产量。高温高湿季节易感染病害，出现枝条植物组织部分坏死及霉斑，使用杀菌类农药可收到良好的防治效果。

【用　途】　火龙果是果中之王，花朵巨大，橄榄状果形，鲜红

色外皮亮丽夺目，果肉雪白或血红。美丽的大花绽放时，香味扑鼻，盆栽观赏给人以吉祥之感，故又称“吉祥果”。

33. 蟹爪兰
(*Zygocactus truncatus*)

【产地及习性】 原产于南美巴西。短日照植物，喜温暖、湿润及半阴的环境。生长适温15℃～25℃。越冬温度应保持5℃以上。忌强光暴晒，怕水涝和雨淋。

【栽培和管理】 盆土可用腐叶土、园土、河沙按2∶1∶1的比例配制。生长期5～7月份，可充分浇水，并隔日喷水，保持湿润。入夏后处于半休眠状态，要置通风凉爽处，并减少浇水，停止施肥，避免烈日照射，严防雨淋。入秋后，移入室内光照充足处养护。在低温短日照条件下孕蕾，此时应加强水肥供应，一般每10天施1次腐熟饼肥水或磷、钾化肥。花后有5～6周休眠期，此时停止施肥，控制浇水，保持茎节不干缩即可，如条件适宜、生长较快、茎节多而长，需经常修剪，剪除参差不齐的茎节和内膛过多茎节，并设圆架支持，使之开展成伞形，并通风透光，以利于生长和开花。

蟹爪兰可用促成栽培或抑制栽培。促成栽培，可于8～9月适当控水，并进行短日照处理，每日光照少于8小时，70天左右可开花。抑制栽培是将植株置于5℃～8℃低温环境中养护，这样生长缓慢，可推迟花期，如果将已经开花的植株放置在5℃的低温下，能使花蕾开得很慢，可延长开花时间约半个月。

【繁　殖】 扦插和嫁接繁殖。扦插时，切下生长充实的茎节3～4节，放阴凉处，干燥1～2天，插入微湿的沙质土壤中，约20天可生根。扦插苗长势不旺，开花较少，要想植株健壮，繁花似锦，多采用嫁接法，可在春、秋季用片状仙人掌或三棱箭(量天尺)做砧木，采用劈接法，把大小适中的仙人掌平切去掉顶端，由中央髓部向下劈一切口，深约2厘米；选择老嫩适中、健壮肥厚的蟹爪兰茎

节2～3节，用刀片将基部茎节两面各斜削一刀，去掉表皮，使呈楔形，长约2～3厘米，迅速插入砧木切口中，并用仙人掌的长刺从砧木一侧插入，固定接穗，防止滑出。嫁接后置荫蔽处，保持盆土略湿润，待成活后移至半光处正常养护。

【用　途】 蟹爪兰株形优美，叶状茎翠雅奇特，花朵姣美，花瓣光彩如绸，花色艳丽。栽培4～5年的大株可同时开花200～300朵，枝繁花茂，美胜锦帘，非常壮观。蟹爪兰正值元旦、春节开花，常用于装扮节日，增添气氛。为优良的室内盆栽花卉。

34. 仙人指

(*Schumbergera brdgsii*)

本种形态极似蟹爪兰，但茎节比蟹爪兰稍短，长4～6厘米，边缘呈浅波状，无尖齿，节的端部稍呈圆形。开花较晚，约在1～2月份开花，花瓣粉红色或玫瑰红色。

仙人指生长习性、栽培、繁殖均同蟹爪兰。

35. 假昙花

(*Rhipsalidopsis gaertneri*)

本种与仙人指非常相似，但茎节比仙人指宽，边缘常为红色，花顶生2～3朵，花色猩红，花瓣稍向外反曲，花瓣较窄，有明显的尖角。花期3月份。

假昙花生长习性、栽培、繁殖同仙人指。

36. 仙客来

(*Cyclamen persicum*)

【产地及习性】 原产于南欧及地中海沿岸。性喜温凉、湿润和阳光充足的环境。怕强光暴晒，忌积水浸涝。生长适温15℃～20℃，30℃以上生长停止进入休眠，35℃以上易腐烂死亡。要求疏

松肥沃、排水良好的中性壤土。

【栽培和管理】 盆土可用腐叶土、园土、河沙按3:1:1的比例配制，并熏蒸消毒。秋季球茎萌芽时上盆，宜浅植，使球茎的2/3～1/2 居于土面以上，以免球茎在土中腐烂。喜湿润，但怕涝，盆土要间干间湿，但不可干燥，一般1～2天浇1次透水，宜薄肥勤施，生长期可每10天施1次稀薄饼肥水或矾肥水，肥水不可溅在球茎及叶上，以免腐烂。施肥后要洒水冲洗。开花期间应该停止施肥。冬季室内要求光照充足，并保持10℃的温度，否则开花不良。仙客来安全度夏是关键，气温超过30℃则停止生长，35℃以上植株易腐烂、死亡。待花后叶片枯黄时停止浇水，置于通风凉爽处使其休眠，避免雨淋。休眠后待新芽萌发时换盆实行正常养护。仙客来易患炭疽病、软腐病和线虫病，需注意防治。

【繁　殖】 播种和分割块茎法繁殖。播种于9～10月份进行。留种需人工授粉。发芽适温18℃～20℃，播种前用24℃的温水浸种12～24小时，以1～2厘米间距点播于苗盆内，覆土厚0.5～1厘米。采用盆底浸水法供水，放阴凉处，保持湿润，约4～6周出苗。出苗后移至向阳处，当第一片真叶长足时即可分栽，并依植株长势逐步增大盆径。翌年夏季要降温保苗，可将花盆移至室外空气流通的荫棚下，避免阳光直射，防止雨淋，注意环境喷水，保持湿润，造成凉爽环境。块茎分割，是在休眠的球茎发芽时，按芽数将块茎切开，使每一切块都有芽，将切口涂抹草木灰或硫黄粉，放阴凉处晒干后分别栽植。

【用　途】 仙客来花叶俱美，株形美观，花形奇特，花色艳丽，开花繁茂，花期长，是著名的冬、春室内花卉。在新春佳节用它点缀客厅，生机盎然，幽雅别致。

37. 倒挂金钟

(*Fuchsia hybrida*)

【产地及习性】 原产于秘鲁、智利。夏季要求凉爽半阴的环境，冬季喜温暖湿润、光照充足、通气良好的条件。忌酷暑、闷热，怕雨淋、日晒。生长适温15℃～25℃，超过30℃即休眠，超过35℃则死亡。越冬温度应保持在10℃以上。要求疏松肥沃、排水良好的砂壤土。

【栽培和繁殖】 扦插繁殖，在春季或秋、冬凉爽时进行，剪取长5～10厘米、生长充实的顶梢做插穗，去掉下半部分叶片，插入沙床一半，经常喷水，保持湿润，15℃～20℃下约20天生根，30天左右可分苗上盆。

小苗上盆恢复生长后即可第一次摘心，待分枝长有3～4对叶子时进行第二次摘心，每株保留5～7个分枝，去除多余的侧芽，尤其要疏除内膛细弱枝。花后需要重剪至根际。生长期间每2周追施1次腐熟饼肥水或复合化肥。在炎热的夏季，一定要注意通风降温，把它放置于荫棚下，防止日晒雨淋，保持盆土适当干燥。经夏季休眠气候转凉时，植株恢复生机，开始生长，此时应该换盆换土，开始追肥，并经常浇水，保持盆土湿润。倒挂金钟常受白粉虱为害，需注意防治。

【用　途】 倒挂金钟花形奇特，花朵别致，颜色艳丽，婀娜多姿，犹如悬挂之彩色灯笼，绰约可观，是深受人们喜爱的盆栽花卉。

38. 杜　鹃

(*Rhododendron spp.*)

【产地及习性】 杜鹃原产于我国，已有1000多年的栽培历史。杜鹃全球约有800多种，根据其性状和来源分为东鹃、毛鹃、夏鹃和西洋杜鹃。其中西洋杜鹃最先是由荷兰、比利时的园艺工

作者用毛鹃、东鹃和映山红等反复杂交而成的杂交种，它以花朵硕大，色彩艳丽，重瓣程度高，变异性大，开花早，花期长，观赏性强而比其他杜鹃引人注目。

杜鹃喜阴湿凉爽和通风良好的环境，忌闷热和强光暴晒，生长适温20℃～25℃，如超过35℃易致枯萎。其根浅而细，怕干怕涝，适生于疏松、排水良好、偏酸性的森林腐叶土上，pH值为4～6，如pH值大于6.5极易死亡。忌盐碱，忌浓肥。宜放置于通风透气、有光的半阴环境中。

【栽培和管理】 杜鹃娇嫩，要求的环境条件较高，应结合日照强弱、植株壮瘦、盆钵大小、盆土干湿、肥瘠和空气相对湿度高低等具体因素来综合考虑栽培措施。用盆应以透气性好的瓦盆为宜，栽培基质以偏酸性的森林腐叶土为宜，或采用松针做无土栽培。移栽小苗或换盆以秋后气温在15℃～20℃时最为适宜。结合换盆，将枯枝、交叉枝、徒长枝剪掉，以利于通风透光。栽后注意遮荫与保湿。春、夏、秋三季应在通风凉爽处和半阴下养护，夏季应遮光70%～80%，并经常向叶面与周围场地上喷水，以提高环境湿度，秋后移入温室养护。浇水施肥要得法。杜鹃花喜湿润，新叶生长期如过分干燥，叶尖便会焦枯，但浇水过多或排水不良时，叶色变黄，心叶卷曲。6～8月份孕蕾期和开花期水分消耗较多，浇水要及时，否则易引起落蕾和花瓣软垂，花期缩短。浇水最好用贮存的雨水、淘米水或0.1%硫酸亚铁水。杜鹃花忌浓肥，更忌碱性肥料。生长期每1～2周施1次腐熟的稀薄饼肥水或矾肥水，要薄肥勤施，否则易烂根、焦叶，造成肥害。蕾期叶面喷施0.1%磷酸二氢钾溶液，可使花繁色艳。花后摘除残花，经锻炼后移出室外。对杜鹃花可进行花期控制，6～8月份花芽萌发后，经一段低温时间(4℃～7℃，20～40天)，遇到适合开花的温度条件(20℃)便能很快开花，如想让杜鹃花在春节前后开花，可把经过低温阶段的植株提早移至室内向阳处培养，增加湿度，并保持15℃～20℃的温度，

经40～50天便能开花。

梅雨季节易患褐斑病，会引起落叶，可喷施托布津800倍液或等量式波尔多液防治。6～8月份，高温干燥时常有红蜘蛛为害，可喷施氧化乐果或三氯杀螨醇1 000倍液防治。北方栽培杜鹃花常因水质呈碱性而使杜鹃黄化，可叶面喷施0.1%硫酸亚铁溶液。高温多雨季节，要注意通风，防止盆内积水，否则易烂根落叶。

【繁　殖】 扦插和嫁接繁殖。扦插多于5月下旬至7月份进行。剪取长8～10厘米的当年生半木质化枝条，保留顶端3～4枚叶片，其余的去掉，以河沙或山泥为基质，插入1/3～1/2，浇透水，覆盖塑料薄膜保湿，放荫棚下，经常喷水，保持高湿，经30～40天可生根。扦插前用50毫克/升萘乙酸处理插穗基部5小时，可促进生根。嫁接多于5～6月份进行，取优良品种的嫩梢作接穗，去掉下部叶片，仅留顶端3～4片叶，将基部削成楔形，削面长约1厘米；以根系发达的毛鹃为砧木，采用顶端劈接法，在当年生新枝基部2～3厘米处截断，摘除该段叶片，纵切1厘米，插入接穗，对齐形成层，用塑料条绑紧，遮荫保湿，经7～10天接穗不萎蔫，即已成活，翌年春须解除绑扎条。通过嫁接可以把不同颜色的杜鹃嫁接在同一个砧木上，形成多色杜鹃。也可以选择高矮相近、叶形相似、花期相同而花色不同的多株杜鹃合栽在1个花盆内，同样可以得到1盆多色杜鹃，其方法要容易得多。

【用　途】 杜鹃花株形紧凑，姿态高雅，花团锦簇，丰姿艳质，烂漫如霞，被人们称之为“花中西施”。多盆栽装饰、观赏，也可地栽。

39. 山茶花
(*Camellia japonica*)

【产地及习性】 原产于我国。喜温暖湿润、半阴性环境，忌烈日，怕高温干燥，不耐涝渍。生长适温为18℃～24℃，相对湿度为

60%～80%。山茶系深根性花卉，宜用深盆，盆土需疏松、肥沃、偏酸性的山泥或沙质壤土，忌黏重土和碱土，有内生菌根。花期1～5月份。

【栽培和管理】 冬季为山茶的休眠期，是上盆、移栽的适宜时期。山茶喜酸性土壤，以富含腐殖质的山泥为好，也可用腐叶土掺入1/3的河沙配制。由于其根系小而脆弱，因而对水分的要求较严格，浇水过多、过少均不利于其生长，以保持盆土湿润为度。水温要与土温相近，切忌在高温烈日下浇冷水。5月下旬新梢生长停止后，要适当控制浇水，以促进花芽分化。梅雨季节应防止积水。冬季进入休眠应节制浇水，可每隔10天用温水清洗叶面1次，并适当浇水。山茶不耐肥，更不喜浓肥，3～4月份叶芽萌发时应及时追施以氮为主的复合肥，生长期可每月追施1次矾肥水。8月份陆续现蕾，需适当疏蕾。山茶喜半阴半阳的环境，春、夏、秋三季应遮光50%左右，立秋后早晚可多晒些阳光，以利于花芽分化。冬季应置室内向阳处，室温以保持5℃以上为宜。

山茶易患炭疽病、叶枯病、叶斑病、轮纹病等，需及时喷洒托布津或多菌灵500～800倍液防治。

【繁 殖】 扦插、嫁接或播种繁殖。多数名贵品种性器官已退化，不能产生种子，只有少数栽培品种才能结种子，果实一般在9～10月成熟，成熟后自行散落，所以应及时采收，并随即播种。扦插宜于6月中下旬和8月下旬进行，选用生长充实的当年生半熟枝，剪成5～10厘米的插穗，先端留2个叶片，插入以山泥为主的沙床深约3厘米，及时喷透水，注意遮荫、保湿，约1个月可生根成活。用20毫克/升萘乙酸处理插穗12小时，可促进生根。嫁接分大苗嫁接、芽苗嫁接和靠接。大苗嫁接，是用1～2年生的油茶苗做砧木行切接法，于春节后或6月份进行，接后加罩保湿，成活率可达80%。芽苗接，是播种油茶种子，当其芽长至5～8厘米时用来嫁接。接穗用半木质化的山茶枝条，长3～5厘米，下端削成

楔形，上留1叶1芽，采用劈接法。接后用塑料薄膜包扎，移入湿润沙箱中，上盖薄膜保湿，遮避强光，注意喷水，1个月后可愈合成活。选用2～3年生的枝条进行靠接，较易成活。靠接时间以5月上旬至6月上旬为宜，3～4个月合生后剪砧去萌，使其成一独立植株。

【用　途】　山茶花株形优美，花、叶俱佳，花姿绰约，花大色艳，为我国十大名花之一，为著名的冬、春花卉。北方多盆栽放室内观赏。

40. 乳　茄
(*Solanum mammosum*)

【产地及习性】　原产于美洲热带。喜高温高湿的环境，忌涝忌旱忌连作，耐半阴，不耐干旱。适宜大水大肥，在疏松、肥沃的砂壤土上长势良好。

【栽培和管理】　播种育苗，种子浸泡约12小时，在32℃左右环境下催芽处理5～10天。当80%种子萌动后取出播种，覆土0.3厘米厚。种子破土后保持充足的光照、良好的通风和适宜的温度(20℃～25℃)，浇水坚持间湿间干原则。同时喷农用链霉素1～2次，预防猝倒病和病毒病。

当小苗长出2片子叶时分苗移栽到育苗盘，每周喷0.1%磷酸二氢钾1次，苗高15厘米左右时进行移栽。植株现蕾后注意加强水分的供给；施肥注意重施基肥，加强根外追肥。植株分杈时应插竿、绑绳，保持株形，防止植株折断、倒伏。当每一台坐果数达到2～3个时，就可以疏花。每台留4～6朵花，同时加强打杈工作。果子长到5成大时开始疏果，剪去畸形果或分布较密的小型果，每台留3～5个果。枝干长出6台果时封顶。乳茄易染病毒病、立枯病和白粉病，可分别用链霉素、代森锰锌、百菌清或铜制剂加以防治。乳茄主要虫害有地老虎和菜青虫，应做好提前预防和及时捕

杀工作。

【用　途】 乳茄果形奇特，色泽鲜艳，挂果多而时间长，为冬、春季良好的观果植物。

41. 红千层

(*Canistemon rigidus*)

【产地及习性】 原产于澳洲，阳性树种，喜温暖、湿润的气候，不耐寒，要求避风向阳的环境和酸性土壤。

【栽培和繁殖】 播种和扦插繁殖。种子发芽适宜温度为16℃～18℃，扦插可于6～8月份进行，采用长约8～10厘米当年生枝条，基部需带前一年生的成熟枝，遮荫、保湿容易成活。

盆栽可用腐叶和泥炭土混合配制，置温暖向阳处养护。注意浇水，保持湿润。生长期间每2～3周施1次矾肥水。越冬温度保持5℃以上。2～3年换1次盆。

【用　途】 红千层树冠茂密，四季浓绿，花密集聚生，红艳可爱，十分美丽奇特。在北方作盆栽观赏。

42. 扶　桑

(*Hibiscus rosa-sinensis*)

【产地及习性】 原产于我国和印度。强阳性植物，喜温暖、湿润和阳光充足的环境。不耐阴，不耐寒，也不耐干旱。越冬最低温度为10℃。

【栽培和繁殖】 扦插、嫁接繁殖。扦插，于春、夏季选择长约10厘米1～2年生的健壮枝条，去掉下半部分叶片，上部叶片剪去一半，插入以河沙或珍珠岩为基质的插床，覆盖塑料薄膜保温、保湿。在18℃～25℃的条件下，4～6周可生根，对扦插难生根的品种可采用芽接或枝接。也可以桑树为砧木，培养成乔木树型。

盆栽可用腐叶土、园土、河沙按2∶2∶1的比例加少量基肥配

成培养土，每年春季换盆。扦插苗长至20厘米高时摘心，促进分枝。由于其生长迅速，因此要根据需要及时短截修剪。只有不断地生长分枝，才能不断开花。生长季节要供应充足的水分，但应注意不能使其受涝。宜每1～2天浇水1次，夏季可每天早晚各浇水1次，并每周追肥1次。生长期要有充足的光照，但盛夏中午可适当遮荫。冬季室温应保持在15℃以上，12℃以下停止生长，10℃以下叶片枯黄脱落。冬季应少浇水，以保持盆土稍干为好。扶桑易患白粉病、叶斑病、煤烟病，常受红蜘蛛、蚜虫、粉虱为害，需注意防治。

【用　途】　扶桑枝叶婆娑，花大色艳，开花多，花期长，为我国名花。多盆栽观赏。

43. 鹅掌柴
(*Schefflera octophylla*)

【产地及习性】　原产于我国。喜温暖、湿润和光照充足的环境，较耐阴。要求深厚肥沃的微酸性土壤。越冬温度5℃以上。

【栽培和繁殖】　播种和扦插繁殖。4月下旬将种子播于苗盆，覆土厚度以盖住种子为宜，保持湿润和20℃以上的温度，约3周出苗，苗高10厘米左右时分栽上盆。扦插多于春季生长时进行，剪取1年生枝条，长8～10厘米，去掉下部叶片插于沙床，用塑料薄膜覆盖，保持较高的温度、湿度，4～6周生根。

可用腐叶土、园土各半和少量河沙和基肥配成培养土，因其根系发达，宜用深筒盆栽植。生长季节注意浇水，保持土壤湿润和空气湿度，每2周施1次以氮为主的追肥。喜光，但忌夏天烈日暴晒，否则叶片易黄化，并失去光泽。生长期需注意摘心短剪等整形修剪，以促生分枝，使株形丰满。冬季室温应保持在5℃以上。如室内通风不良，易生介壳虫，需注意防治。

【用　途】　鹅掌柴株形丰满，叶形优美婆娑，适应能力强，生

长快，是良好的室内观叶花卉。

44. 茉莉花
(*Jasminum sambac*)

【产地及习性】 原产于我国和印度。喜温暖、湿润及光照充足的环境，畏寒怕冻，生长适温为25℃～30℃，忌积水，不耐旱。要求富含腐殖质的微酸性砂壤土。越冬温度应保持在10℃以上。

【栽培和繁殖】 通常用扦插或压条繁殖。扦插，于6～7月份选取充实的1年生枝条，剪成长约10厘米的插穗，去掉下半部分叶片，只保留顶端1对叶片，插于微酸性沙质土壤内，深约2/3，经常喷水，保持湿润，并覆盖薄膜保湿，注意遮荫，约1个月生根。压条在生长旺盛季节进行，将枝条刻伤，埋入土中，待生根后割离母株。

盆土可用酸性腐叶土掺1/3河沙配制。春季换盆后置室外通风向阳处养护，若新购买的不带土坨的茉莉植株，要将枝叶剪去一部分，栽后浇足水，放阴处约1周，然后置光照充足处常规护理。要经常摘心整形，花后要重剪，以利于萌发新枝并继续开花。生长期要经常浇水，保持盆土湿润。盛夏每天早晚浇水，并向叶面喷水。冬季休眠期要控制浇水，保持适当干燥，否则易烂根。生长期每周施1次矾肥水。冬季不施肥，放在室内向阳处养护。茉莉花喜光，需置阳光充足处养护。开花适温为35℃左右。

茉莉易感叶斑病，常受介壳虫为害，还易缺铁引起黄化病，需注意防治。

【用　途】 茉莉叶色青翠，花白如玉，芳香四溢，观之赏心悦目，闻之沁人心脾。用它点缀居室清雅宜人，是人们喜爱的盆栽芳香花卉。

45. 栀 子

(*Gardenia jasminoides*)

【产地及习性】 原产于我国长江流域以南各省、自治区。喜温暖、湿润、光照充足和通风良好的环境，但忌强光暴晒。要求疏松、肥沃 、排水良好而又湿润的酸性土壤，适宜pH值为4.5～4.6。

【栽培和繁殖】 扦插、压条、分株或播种繁殖。扦插，以半木质化的嫩枝做插穗，于7～8月份进行扦插成活率较高。水插，约7～8天就能生根。分株和播种于春季进行为宜。

盆土可用腐叶土和园土按2∶1比例混合，移植宜在高温多湿的梅雨季节进行，移植的植株需带土坨。生长期要经常浇水，保持盆土湿润，但不可过湿，每1～2周浇1次矾肥水或硫酸亚铁水溶液。夏季要多浇水，增加光照，促使花大味香。北方栽培栀子，常因土壤pH值偏高和缺铁，易引起叶片黄化甚至死亡，可以通过浇矾肥水或硫酸亚铁水来解决。栀子在冬季处于半休眠状态，应置室内越冬，但室温不宜过高，一般保持在3℃～5℃。控制浇水，保持适当干燥。不宜放在向阳窗口，应放在室内较冷凉处。

【用 途】 栀子枝繁叶茂，花色洁白，晶莹端庄，浓香扑鼻，为优良的芳香花卉。地栽、盆栽均可，也可做切花。

46. 猪笼草

(*Nepenthes sp.*)

【产地及习性】 猪笼草原产于苏门答腊岛等热带石灰岩质高山或低地沼泽地区，喜阳耐湿，最适生长温度21℃，最低越冬温度12℃以上。要求疏松透气、保水性能良好的酸性培养土，适宜pH值为4～5。

【栽培和管理】 栽培基质要求疏松透气、既保水又排水的酸

性材料，常用苔藓、泥炭和珍珠岩按2∶1∶1的比例混合配制。5～9月为其生长季节，要求环境通风良好，光照充足，基质湿润。夏季应遮光70%，每天浇水1～2次，避免干燥，并向叶面或周围环境洒水，增加湿度，以防强光灼伤和高温热害。5～6月施稀薄的氮、磷、钾复合肥或矾肥水1～2次，其他时间不施肥，避免诱导捕虫囊的发生和生长。8～9月高温季节易患炭疽病、黑斑病，也易受红蜘蛛、蚜虫为害，可分别喷施托布津或多菌灵500～1000倍液和氧化乐果1000倍液防治。冬季室温应保持在12℃以上。光照要充足，保持基质湿润，不可干燥，但也不能浇水过多，以防低温多湿而烂根。多年生植株可于5月份换盆。

【繁　殖】　猪笼草可播种、扦插或压条繁殖。通常于5～6月份进行扦插繁殖，将1～2年生枝条剪成2～3节一段的插穗，叶片剪去一半，插入以泥炭、珍珠岩为基质的插床内，保持20℃以上的温度，在充足的温度和适宜的光照条件下，约8周生根成活。幼苗应加强水肥管理，每周施0.2%复合液肥(氮、磷、钾按1∶0.2∶0.8的比例配制)1次，促进生长，9月份可分栽上盆。

【用　途】　猪笼草生活方式奇特，除通过光合作用自养外，还捕食小昆虫以补充自身营养，是食虫植物的典型代表。捕虫囊结构奇特，适应功能和观赏性强，是进行科普教育的活教材。

47. 散尾葵

(*Chrysalidocarpus luescens*)

【产地及习性】　原产于马达加斯加，为热带性植物。喜温暖、潮湿、半阴的环境。不耐寒，气温15℃以下叶子发黄，越冬温度应保持在10℃以上。若长时间低于5℃，则会受冻而死。北方种植散尾葵冬、春季死亡的主要原因就是温度太低。适宜在疏松、肥沃和排水良好的微酸性土壤中生长。

【栽培和管理】　盆栽用土可用腐叶土加1/3粗沙和少量基肥

配制，也可用塘泥栽培。散尾葵的蘖芽生长较为靠上，故盆栽时应较原来栽得深些，以利于新芽更好地扎根。5～10月份生长旺季，应每2周追施1次腐熟的饼肥水或叶面喷施0.1%尿素水溶液。要经常浇水保持盆土湿润和植株周围较高的空气湿度。较喜阴，春季应遮光50%，夏、秋季遮光70%左右。越冬期间宜多给光照，且室温应保持在15℃左右。幼苗每年春季换盆1次，老株可3～4年换1次盆。

【繁　殖】　以分株繁殖为主，也可播种。分株宜在4～5月份将分蘖较多的株丛从盆中磕出，去掉部分旧土，用利刀或枝剪从基部分割成数丛，伤口涂以草木灰或硫黄粉防腐。原产地多播种繁殖，种子成熟后采下即播，覆土厚度为种子直径的1倍。幼苗高8～10厘米时分栽。

【用　途】　散尾葵枝叶茂密，四季常青，美丽潇洒，耐阴性强，是布置客厅、书房、会议厅的高档装饰花卉。

48. 国王椰子

(*Ravenea rivularis*)

【产地及习性】　原产于马达加斯加。喜温暖湿润和光照充足的环境。较耐寒，耐阴。对土壤要求不严。

种子繁殖。其栽培管理同散尾葵。

【用　途】　树干粗壮，高大雄伟，羽状复叶似羽毛，羽叶密生而伸展，飘逸而轻盈，形成密集的羽状树冠，为优美的热带风光树。盆栽室内摆设，非常壮观。

49. 假槟榔

(*Archontophoenix alexandrae*)

【产地及习性】　原产于大洋洲。喜高温和避风向阳的环境。不耐寒，越冬温度应保持在10℃以上，要求深厚、肥沃、排水良好

的微酸性砂壤土。

【栽培和繁殖】 播种繁殖于4～5月份进行。幼苗在夏季应避免阳光直射。北方温室栽培，用腐叶土加1/3粗沙做栽培土。每1～2年于春季换盆。生长季节每2周施1次矾肥水。需保持盆土和周围环境湿润。夏季需遮光50%，避免阳光直射。假槟榔为阳性树种，室内摆放时间不宜超过3周，要经常调换到室外接受阳光，以免叶片黄化。喜酸性土壤，生长季节应经常浇灌0.2%硫酸亚铁水溶液，以保持叶色碧绿。

【用　途】 假槟榔树干通直，株形整洁美观，叶片碧绿披垂，为热带风光树种，是庭院绿化、室内装饰观赏之佳品。

50. 袖珍椰子

(*Collina elegans*)

【产地及习性】 原产于墨西哥北部和危地马拉。喜温暖、湿润和半阴的环境。强烈日光照射则叶色枯黄。生长适温20℃～30℃，10℃以下休眠，低于5℃易受寒害。要求湿润、肥沃、排水良好的沙质壤土。

【栽培和繁殖】 播种或分株繁殖。于5～8月份将新鲜的种子播于砂壤土内，在气温为24℃～32℃的条件下，3～4个月发芽，翌年春分苗。分株宜在冬末春初休眠期进行。管理比较简单。可用腐叶土掺沙做培养土。生长期宜每2周施1次矾肥水，秋、冬季停施。春、夏、秋三季应遮光50%～70%，并经常向叶面和周围环境喷水，以保持湿润。冬季移入室内有光照处，并控制浇水，以防止受冻烂根，但也不可使土壤过分干燥。

【用　途】 袖珍椰子小巧别致，玲珑潇洒，叶色浓绿光亮，耐阴性强，为优良的居室内中小型盆栽观赏植物。

51. 酒瓶椰子

(*Mascarena lagenicaulis*)

【产地及习性】 原产于马斯克林群岛。喜高温多湿的热带气候。适宜向阳和半阴的环境。怕霜冻，要求越冬温度在10℃以上。喜排水良好、湿润、肥沃的砂壤土。

【栽培和管理】 播种繁殖。室内盆播，在25℃～32℃条件下，约50天发芽。盆栽用土宜用腐叶土掺1/3粗沙配制，或用泥炭土栽培。生长期间注意浇水以保持湿润。每半个月施1次矾肥水或氮肥。夏季遮荫50%以上。冬季移入温室越冬，室温需保持在10℃以上。

【用 途】 酒瓶椰子株形奇特壮观，美丽别致，引人注目，是一种非常珍贵的观赏植物。适宜用于庭院或温室陈设。

52. 鱼尾葵

(*Caryota ochlandra*)

【产地及习性】 原产于亚洲热带及大洋洲。喜温暖、湿润、光照充足的环境。不耐干旱，茎干忌暴晒，具有一定的抗寒能力。要求疏松、肥沃、排水良好的沙质壤土。

【栽培和管理】 播种和分株繁殖。种子采后即播，覆土厚度约为种子直径的2倍，保持湿润，2～3个月可出苗。苗期需增加空气湿度并遮荫。对多年生大株，基部分蘖较多时，可结合春季换盆，分切成2～3丛另行栽植。

鱼尾葵根系发达，生长势强，对土壤要求不严，各种腐叶土、泥炭土、园土均可做培养土。每年春季换盆换土。在旺盛生长的5～10月份，每2周施1次矾肥水。为阳性植物，华北地区通常于4月中下旬搬至室外阳光下养护。室内摆放时间应控制在2～4周。10月初搬回光线充足的室内越冬。夏季多雨湿热季节，叶片易染

霜霉病和发生介壳虫，可分别喷洒托布津和氧化乐果800～1 000倍液防治。

【用　途】　鱼尾葵树形优美，叶形奇特，叶色浓绿，是优良的大型盆栽观赏植物，适于大厅摆设。

53. 棕　竹

(*Rhapis　excelsa*)

【产地及习性】　原产于我国。喜温暖、阴湿及通风良好的环境。生长适温20℃～30℃，畏暑怕寒，极不耐旱，较耐水湿，畏烈日。其越冬温度不低于5℃，萌蘖力强。喜疏松、肥沃的微酸性砂壤土。

【栽培和管理】　分株或播种繁殖。分株宜于4月份新芽长出前结合换盆进行，多年生大株可分割成2～4丛分别栽植，置荫蔽、温暖和潮湿的地方。每天叶面喷水2～3次，恢复生长后正常管理。播种宜在4～5月份进行，播前温水浸种1昼夜，播后约30～50天发芽。

在生长旺盛的5～9月份，每月追施1次以氮为主的肥料，并置室外半阴、潮湿处养护。棕竹怕阳光暴晒，夏季应遮光70%左右。喜湿润的环境，除经常浇水保持盆土湿润外，夏季每日需向叶片及周围环境喷水2～3次，并注意通风降温。若温度超过34℃，棕竹叶片易黄化焦边。盆栽植株每3～4年换盆1次。

【用　途】　棕竹株形紧密秀丽，挺拔清秀，如竹似棕；叶色浓绿而有光泽，为我国传统优良的喜阴花卉。适于室内陈设装饰。

54. 蒲　葵

(*Livistona shinensis*)

【产地及习性】　原产于澳大利亚及亚洲热带。我国栽培蒲葵的历史悠久。喜温暖湿润气候和肥沃湿润土壤。

【栽培和管理】 蒲葵适应性较强，易栽培。耐寒力较强，能耐0℃左右低温及霜冻，是棕榈类较耐寒的一种。对光照的适应性较强，能耐烈日，亦较耐荫蔽，可长期在林下或室内栽培。喜肥沃湿润地，干旱贫瘠地生长不良。较耐干旱，亦颇耐水湿，露地栽植，宜挖大坎，施干粪或垃圾肥做基肥，以后可少施肥或不施肥。盆栽可用一般表土，施钙、镁、磷肥，干粪等缓效肥做基肥，以后亦可少施肥，不浇水，管理简易。老叶枯后，常挂树上不脱落，影响观赏效果，应及时割下。播种繁殖，约15年生始结实，摘取大粒饱满果实，堆沤后冲洗果皮或晾干后剥去果皮，混湿沙贮藏或随采随播。可直接将种子条播于圃地，苗期不遮荫，至翌年春季移植。幼苗生长缓慢，一般需3年生可上盆，5～6年生方可供园林露地种植。

【用　途】 蒲葵四季常青，植株如伞，叶大似扇，为优美的观叶植物。小苗叶丛密，冠形圆整，可作盆景，作厅堂绿化。大树可作行道树及植于水滨、庭院等处，叶大而圆，在棕榈类中别具一景，为园林中常见的展景及遮荫树种。

55. 软叶刺葵

(*Phoenix roebelinii*)

【产地及习性】 原产于非洲。喜温暖湿润半阴环境，具有一定的耐寒耐旱性。

【栽培和管理】 同棕竹。

【用　途】 叶丛密集茎顶，叶细裂伸展，飘逸洒脱，颇具热带风光，是良好的观赏树种。

56. 孔雀竹芋

(*Calarhea makoyana*)

【产地及习性】 原产于巴西热带雨林。性喜高温、高湿的半阴环境，忌干燥和盆土过湿。生长适温20℃～30℃，越冬最低温

度应保持在12℃以上。喜疏松、肥沃具团粒结构的微酸性砂壤土。

【栽培和管理】 分株繁殖。4～5月份结合换盆将过密的植株磕出，除去宿土，用利刀切割成2～4丛，分栽于盛有培养土的小盆中，起初浇水不要太多，以防烂根，半月后充分浇水并放在半阴处养护。

盆土可用腐叶土和泥炭土等量混合，5～10月生长旺盛，应置于无直射阳光，而散射光充足的半阴环境。只要排水良好，应充分浇水。每2周施1次稀薄饼肥水或矾肥水。秋、冬季应给予阳光照射，长期荫蔽，会使植株柔弱，叶片失去特有的光彩。冬季应保持适当干燥，过湿叶片将变黄并焦褐脱落。冬季最低气温应维持在12℃，当气温低于10℃以下，叶片将卷曲、发黄并死亡。

【用 途】 孔雀竹芋姿态优雅，叶片绚丽多彩，盆栽用于点缀居室厅堂，非常美观，极具观赏价值。

57．天鹅绒竹芋
(*Calathea zebrina*)

【产地及习性】 原产于巴西。要求高温多湿及半阴的环境。生长适温25℃～30℃。越冬温度应保持在13℃以上，要求空气湿度70%～80%，忌水渍。适宜疏松、肥沃和排水良好的酸性土壤。

【栽培和管理】 分株繁殖。盆栽基质宜用腐叶土和泥炭土或粗沙混合配制。生长季节需充分给水，但不能积水，叶面需经常喷水保持湿润。除冬季需有充足光照外，其他季节需遮光50%～70%。生长季节每2周施1次稀薄饼肥水。冬季停止施肥，控制浇水，室温保持13℃～16℃以上。

【用 途】 天鹅绒竹芋叶片有光泽，色彩艳丽，叶姿奇特、高雅，为优良的室内盆栽观叶植物，适于装饰居室和办公室。

58. 彩虹竹芋
(*Calarhea roseo-picta*)

【产地及习性】 原产于巴西，生长习性同天鹅绒竹芋。但本种生长慢，且耐寒力差，在15℃以下生长不良，10℃以下则逐渐死亡，故栽培时注意适当提高温度。浇水也不能太多，否则烂根。

【用　途】 同天鹅绒竹芋。

59. 红羽竹芋
(*Calathea ornata*)

【产地及习性】 原产于热带美洲、中美洲。习性同彩虹竹芋，但耐旱性较差。

栽培繁殖方法同孔雀竹芋。

60. 红背竹芋
(*Stromanthe sanguium*)

【产地及习性】 原产于热带南非。喜温暖湿润和半阴环境，不耐干旱，缺水时叶片卷曲。

【栽培和管理】 同孔雀竹芋。

61. 青苹果竹芋
(*Calathea rotundifolia* cv. Fasciata)

【产地及习性】 原产于热带美洲巴西等国，由欧洲（比利时、荷兰）人从圆叶竹芋原种中筛选培育而成。性喜高温、多湿的半阴环境，畏寒冷，忌强光。生长适温为18℃～30℃，要求空气相对湿度较高，忌盆土和环境干燥。栽培宜用疏松肥沃、排水良好、富含有机质的酸性腐叶土或泥炭土。

【栽培和管理】 盆土宜用腐殖土、堆肥加1/3河沙或木屑混

合配成，pH以维持在5.5～7.2之间为宜。当pH在7.5以上时，其叶片易出现缺铁性失绿症或叶缘泛黄枯焦。青苹果竹芋喜温暖平和的环境，不耐酷热，畏高温，且耐寒性较差，其生长适温为18℃～30℃，春末夏初，当环境温度超过25℃时，要通过搭棚遮荫、环境喷水等措施，为其创造凉爽通风、湿润半阴的环境。冬季要求环境温度不低于10℃，当棚室温度低于5℃时，地上部分会受到严重的冻害。苹果竹芋喜湿润，忌干旱，空气干燥易导致出现叶缘枯焦、生长不良的现象。生长季节，应加强叶面和环境喷雾，使空气相对湿度保持在85%以上。寒冬到来时，除注意保温外，还应严格控制浇水，此时盆土过湿易造成根茎腐烂，故应维持盆土稍干。生长期间，可每周浇施稀薄有机肥1次。盆栽植株可浇施或喷施0.2%尿素加0.1%磷酸二氢钾混合液。进入夏季后，当气温高于32℃时，应停止施肥。秋末冬初，若棚室温度低于18℃，也应停止施肥，否则易引起肥害而烂根。多分株繁殖，分株可于春季结合换盆进行。将用于分株的较大丛生母株从花盆中脱出，抖去部分宿土，再用利刀将株丛从根茎结合薄弱处切割开来，每小丛至少要带有4～5片叶。上盆后浇透水放在半阴处养护，缓苗半个月后即可恢复正常的水肥管理。在一般情况下，盆栽植株每年分株1次。

青苹果竹芋常见的病害有叶斑病和锈病，可用50%的多菌灵可湿性粉剂800倍液喷洒，每10天喷1次，连续喷洒2～3次。家庭盆栽如少量叶片出现个别病斑，可在病斑及周缘涂抹达克宁霜软膏，可有效防止病斑的扩大。在通风不良、高温湿热的环境中，青苹果竹芋叶片易发生介壳虫、粉虱的刺吸为害，可用25%扑虱灵可湿性粉剂2000倍液，于若虫刚孵化时喷杀。在高温、干燥的条件下，叶片因遭红蜘蛛的为害会出现大量小黄点，将严重降低其观赏价值，可用10%吡虫啉可湿性粉剂1000倍液喷杀。

【用　途】 青苹果竹芋叶形浑圆，叶质丰腴，叶色青翠，其上

排列有整齐的条纹，具有极高的观赏价值。由于它比较喜阴，适于较长时间在室内作盆栽观赏。用中小型精致陶瓷盆栽种，适于做一般家庭客厅、书房、卧室摆设，别有情调。

62. 花 烛
(*Anthurium andraeanum*)

【产地及习性】 原产于哥伦比亚。喜温暖、高湿和半阴的环境。生长适温为22℃～30℃，越冬温度应保持12℃以上。要求疏松、排水良好、富含腐殖质的酸性土壤。

【栽培和管理】 分株、茎段扦插繁殖。目前，多采用组织培养法大量快速繁殖。盆栽可用腐叶土加泥炭土或粗沙配制，盆底要多垫碎瓦片，生长期间除每天浇水外，还要向叶片喷水，以增加湿度。宜每2周施1次矾肥水。喜半阴，忌强烈日光，冬季需稍干燥和通风，并保持12℃以上的温度。寒冷和潮湿易引起根系腐烂。

【用 途】 佛焰苞革质光亮，挺拔秀丽，花叶皆美，是著名的室内盆栽花卉和切花材料。

63. 红鹤芋
(*Anthurium schererianum*)

【产地及习性】 原产于哥斯达黎加和危地马拉。喜温暖、湿润和半阴的环境，生长适温18℃，要求疏松、肥沃、排水良好的酸性土壤。

栽培、繁殖方法同花烛，但比花烛较耐低温。

64. 马蹄莲
(*Zantedeschia aethiopica*)

【产地及习性】 原产于非洲南部。喜冬季不冷，夏季不炎热的温凉湿润环境。喜光照充足，好肥好水。生长适温为15℃～

25℃。夏季高温炎热时休眠。

【栽培和管理】 以分株法繁殖为主，也可播种。9月初可将母株周围萌生的小块茎剥下分栽，大球开花，小球养苗。播种宜在10月份进行。

盆土可用腐叶土、园土各半并加少量骨粉、过磷酸钙或饼肥配制。于9月份初换盆或上盆，栽植深度使顶芽尖端与土面持平，浇透水置阴凉处，发芽生长后移到光照充足处，多浇水，使盆土保持湿润。每1～2周追施1次饼肥水或复合化肥。10月底移进温室养护，11月份即可开花。如冬季光照好，则开花多，否则开花少。翌年夏季叶片枯黄后停止浇水，使之休眠。

马蹄莲易染软腐病，常受红蜘蛛、介壳虫为害，需注意防治。

本属栽培的还有红花马蹄莲和黄花马蹄莲。

【用　途】 马蹄莲叶色嫩绿，花色洁白，株形美观，多盆栽于室内供观赏，也是著名的切花材料。

65. 花叶芋
(*Caladium bicolor*)

【产地及习性】 原产于巴西。喜高温和半阴的环境，不耐寒，生长适温22℃～30℃，最低温度不能低于15℃。冬季休眠。要求疏松、肥沃、排水良好的土壤。

【栽培和管理】 分株或分割法繁殖。分株在春季萌芽前将母茎周围的小块茎切下，待切面干燥后另行栽植。分割时视芽点将大型母块茎分割成数块，切口涂抹草木灰，阴干后分别栽植。

盆土可用腐叶土、园土、河沙按3:1:1的比例混合。上盆前先将休眠块茎在高温高湿下催芽，然后排列于沙箱中，覆土2厘米厚，充分浇水，然后盖上玻璃或塑料薄膜，置于阳光下，保持25℃左右的温度，待生根发芽后上盆定植。在生长季节4～10月份注意浇水，勿使盆土干透。注意施氮肥不可过多，否则会徒长使叶片

变绿失去花斑。秋末温度下降，此时应尽量使其接受光照，以促进块茎膨大，并减少浇水，停止施肥，直至进入休眠。

【用　途】 花叶芋叶色富于变化，艳丽夺目，为观叶花卉上品，作室内盆栽，极为雅致。

本属栽培的名贵品种还有红浪花芋、非洲少女花叶芋、孔雀花叶芋、花斑花叶芋等。其栽培方法同花叶芋。

66. 斑马万年青

(*Aglaonema commutatum*)

【产地及习性】 原产于菲律宾和斯里兰卡。喜高温多湿环境，生长适温20℃～30℃，不耐寒，越冬温度应保持在10℃以上。

【栽培和繁殖】 扦插繁殖。4月中旬以后，将大株茎干距地面2～3节处剪断，母株仍可发芽。剪下的茎干每2～3节剪成1根插穗，伤口涂以草木灰或硫黄粉，横向埋入河沙中，温度控制在25℃～30℃，保持湿度，约1个月生根发芽。带顶茎段可进行水插，注意换水，2周即可生根。

盆土可用腐叶土与等量河沙混合配制。在4～8月份的生长季节可大量浇水，每10天施1次酸性肥料如矾肥水。盛夏需遮光50%，以免强光引起叶片灼伤，使叶片变色。冬季需保持10℃以上的室温，并控制浇水，保持盆土适当干燥。

【用　途】 株形整齐美观，叶大且色调鲜明，是极好的室内观叶植物，装饰美化效果极佳。

67. 大王万年青

(*Dieffenbachia amoena*)

【产地及习性】 原产于哥伦比亚、哥斯达黎加等地。喜高温、潮湿和半阴的环境，忌强光直射。生长适温18℃～25℃。要求疏松透光的酸性土壤。

【栽培和繁殖】 同斑马万年青。

【用　途】 同斑马万年青。

常见栽培的品种还有白玉黛粉叶、乳瓣黛粉叶、银河黛粉叶等。

68. 白玉万年青

(*Dieffenbachia amoena* cv. “Camilla”)

【产地及习性】 原产于美洲热带地区，性喜高温多湿和半阴环境，需光50%左右，忌强烈日光直射。

【栽培和管理】 同大王万年青。

69. 红宝石

(*Phiilodendron vubrum*)

【产地及习性】 原产于巴西热带地区。喜温暖、湿润的环境。较喜光，也耐阴。生长适温15℃～25℃，越冬温度不低于5℃。喜疏松、肥沃、富含有机质的土壤。生长季节喜大水大肥。

【栽培和繁殖】 以扦插繁殖为主。宜于5～6月份剪取长15～20厘米的枝条，将茎部叶片去掉，插入河沙与蛭石配成的基质内。在25℃和半阴环境中，保持湿润，经3～4周可生根发芽。目前多采用组织培养法快速繁殖试管苗。

盆栽可用腐叶土或塘泥加少量基肥做培养土，放半阴处养护，注意浇水，但盆土要间干间湿，不可积水。生长季节宜每10天施1次腐熟的饼肥水或矾肥水。越冬温度应保持在5℃以上，并少浇水。当植株过于高大，观赏效果变差时，可于5～6月份进行短截更新，促使基部茎干上萌发出新的枝叶。

【用　途】 红宝石一般3～5株栽于竖有棕皮立柱的花盆内，形成红宝石支柱，叶片开展，内红外绿，非常美观。是新一代室内名贵花卉。

70. 绿宝石
(*Phildendron erubescens*)

【产地及习性】 原产于中美洲、南美洲的热带雨林中。喜高温、多湿及半阴的环境，生长适温20℃～30℃，越冬温度不低于12℃。

【栽培和繁殖】 同红宝石，但本种要求更高的温度和湿度。

【用 途】 同红宝石。

71. 绿帝王
(*Philodendron wendlandii*)

【产地及习性】 原产于巴拿马。喜温暖、潮湿和半阴的环境。生长适温20℃～30℃。越冬温度应保持在10℃以上，要求疏松、肥沃、湿润的微酸性土壤。

【栽培和管理】 播种繁殖。发芽适温为25℃。盆土以腐叶土或塘泥为最好，夏季需充分浇水，使盆土保持湿润，并常向叶面及周围环境喷水，以保持较高湿度。生长季节可每2周施1次以氮为主的肥料。春、夏、秋三季需遮光50%，冬季要求光照充足。

【用 途】 绿帝王叶片光亮，革质，丛生，紧凑，株形整齐美观。装饰性较好，适于室内陈列。

72. 绿 萝
(*Rhahidophora aurea*)

【产地及习性】 原产于所罗门群岛热带雨林。喜温暖、湿润的环境。喜光照，但忌夏季强烈的阳光。生长适温为20℃～25℃，越冬温度不低于10℃。较耐干燥，喜疏松、肥沃、排水良好的土壤。

【栽培和管理】 以扦插繁殖为主。扦插适温为25℃～30℃，

取粗壮的绿萝藤，以每2~3节剪成一段，保留气生根，去掉基部叶片，用培养土直接盆栽，每盆3至数根，保持土壤和空气湿润。在半阴环境中，3周左右可生根发芽。

盆土可用腐叶土加1/3粗沙配制，也可用塘泥加少量基肥栽培，生长季节需经常浇水，以保持土壤和空气湿润。每2周施1次腐熟的饼肥水或施以氮肥为主，辅以磷、钾化肥。夏季遮荫，其他季节要光照充足，否则叶片变小，花纹退掉。冬季要放在室内向阳处，并保持10℃以上的室温。由于其蔓性强，不能直立，一般于盆中竖立柱支撑。其方法是在花盆中央竖立一绑有棕皮的木棒，高约1.5米，然后沿木棒基部周围种上绿萝藤3~5株，并及时引导气生根缠住木柱，可用塑料绳扎住，让稠密的叶丛聚在木柱周围，呈圆柱状。当茎长超过木柱或中下部叶片脱落后，可短截更新，促使基部茎干上萌发新枝。绿萝藤常受介壳虫为害，需注意防治。

【用　途】　绿萝叶色、叶质美丽秀雅，植株悬垂下挂，或形成绿萝柱，是极好的观叶植物，摆放室内，非常雅致。

73. 绿巨人

(*Spcothiphy canifolium*)

【产地及习性】　原产于南美洲热带地区。喜温暖、湿润和半阴的环境，生长适温22℃~28℃，不耐寒，越冬温度不低于10℃，喜疏松、肥沃、排水良好的微酸性土壤。

【栽培和管理】　播种或分株繁殖。播种可在4月份进行，在20℃~30℃条件下，约30天出苗，苗高5~10厘米时移栽。分株于春、秋两季均可进行，将蘖芽分离后另行栽植。目前多采用组织培养法大量繁殖。

盆土可用腐叶土、河沙加少量腐熟饼肥配制。喜阴湿环境，忌阳光直射，春、夏、秋三季需遮光60%，冬季遮光30%。除经常浇水保持盆土湿润外，还应向叶面喷水，以保持较高的湿度，既不耐

干旱，也忌积水。生长期每月追施1次饼肥水或以氮为主的复合化肥。

【用　途】 绿巨人叶片大而浓绿，株形紧凑清雅，又较耐阴，是既观叶又观花的新潮室内花卉，装饰效果良好。

74. 春芋

(*Philodendron selloum*)

【产地及习性】 原产于巴西热带雨林。喜温暖、湿润的环境。喜阳，也较耐阴。耐寒，可忍受5℃的低温。最适生长温度为18℃～25℃。

【栽培和繁殖】 分株或播种繁殖。该种在北方栽培不易开花结实，通常用分株法繁殖。生长旺盛的母株可在基部萌生蘖芽，待长大并出现不定根时，将其分割另行栽植，也可于春季将茎的上半部分切下来直接盆栽，留下的茎基可萌发数个腋芽，切割后盆栽即可。

盆土可用腐叶土和园土各半加少量河沙配制，施足化肥，置温暖、湿润的向阳处。生长期间每2周施1次以氮为主的肥料。其气生根较发达，粗大者可剪除，余下的可盘绕于花盆四周。对北方冬季室内的干燥环境有较强的适应力。

【用　途】 叶大而丛生，浓绿而光亮，株形潇洒而美丽，是良好的大型室内观叶花卉。宜用于点缀厅堂和门廊。

75. 龟背竹

(*Monstera deliciosa*)

【产地及习性】 原产于墨西哥热带雨林。喜温暖、潮湿的环境，生长适温20℃～27℃。好肥，耐阴，忌阳光直射和空气干燥，更不能烈日暴晒。不耐寒，越冬温度应保持在10℃左右，喜疏松、肥沃、排水良好的砂壤土。

【栽培和繁殖】 扦插繁殖。宜于4~8月份进行，剪取母株茎干，每2~3节为1个插穗，剪掉气生根，带叶或去掉一半叶插入插床，插入深度以插穗露出土面1/3为宜，保持温度20℃~25℃和约80%的湿度，注意遮荫，每日喷1次水，保持土壤湿润，约40天生根。当上部长出新芽时，下部即生新根，待生根后移于盆内。

盆土可用腐叶土加部分园土配成，每1~2年于春天换盆。夏季移至室外半阴处，避免阳光直射，每天浇水并叶面喷水2次，保持较高湿度。生长期间每2周施1次稀薄饼肥水或以氮肥为主的复合化肥。冬季停止施肥并减少浇水。在10℃以上的温度中安全越冬。室内栽培，如通风不好，易生介壳虫，发生时可人工刷除。叶面如出现病斑，可喷洒代森锌溶液防治。

【用　途】 龟背竹叶形奇特，叶色翠绿，株形优美，又较耐阴，适宜盆栽用于装饰厅堂角隅。

76. 海　芋
(*Alocasia macrorrhiza*)

【产地及习性】 原产于亚洲热带。喜高温多湿的环境，夏季忌阳光直射，生长适温28℃~30℃。越冬最低温度为10℃。

【栽培和繁殖】 分株或播种繁殖。蘖生力较强，春季结合换盆，将每株周围的蘖芽分离另行栽植。盆土可用腐叶土加1/3粗沙或用泥炭土栽培。夏季遮光50%并经常向叶面喷水，以保持湿润。生长季节宜每2个月施1次以氮为主的肥料，并保持土壤中有充足的水分。冬季控制浇水，并保持较高的温度。夏季通风不良、空气较干燥时，易生红蜘蛛，需注意防治。

【用　途】 海芋叶型大而翠绿，株形整齐美观。适宜盆栽作室内装饰，秀雅自然，极富热带情趣。

77. 观赏凤梨

【产地及习性】 观赏凤梨原产于热带美洲、巴西、墨西哥、南美及非洲等地。多数种类喜高温、高湿及半阴的环境。生长适温为25℃～35℃，15℃以下休眠，越冬最低温度应保持在10℃以上。但地生种凤梨需要充足的阳光，有的种类也能耐0℃以上短暂的低温。有的也较耐干燥。忌夏季强光暴晒。要求疏松、透气、排水良好的微酸性基质。

【栽培和管理】 凤梨类喜光照、温热、湿润和通风的环境。温室盆栽可用半腐熟树叶、碎泥炭，沙、木炭块或碎瓦片做栽培材料；也可用腐叶土、树皮，蕨根和椰壳纤维等纤维质材料混合。栽培材料要求疏松、透气，凡是不由根吸收养分和水分的凤梨，只要用碎瓦片将植株固定在小盆内即可，不必供给土壤，用盆宜小不宜大。生长季节要有充分的光照和水分。在3～10月正常生长期，应注意浇水施肥。叶鞘中的"水塔"应保持充足的水分，灌入"水塔"的水应是软水，最好是雨水，硬水会使叶面产生石灰质斑迹，降低叶片的明亮度和吸水功能。夏季应经常更换"水塔"中的水，以防止污浊和腐坏。高温干燥季节，每天需向叶面喷水以增加湿度。冬季要减少浇水量，并倒掉叶筒中的水以免降温受冻。施肥可用氮、磷、钾复合液肥为好，其比例为2∶1∶4，以千分之一的浓度，每2周施1次，施入叶筒内、叶面或根际。也可用颗粒肥料或饼肥施于基质中。花期前后适当增加施肥量，以促进开花和子株生长。

【繁　殖】 播种和分株繁殖。春季将种子插在通透性良好的培养土上，轻压，不盖土，插后花盆浸水湿透，装入塑料袋封口保湿。在25℃左右的半阴条件下，约2周发芽。实生苗3～4片叶时开封，逐渐炼苗，然后去袋，7～10天后浇水，待表土干后再浇水。每月施液肥1次，约3年开花。

分株宜在气温较高的5~8月份进行。观赏凤梨在开花前后，会从植株基部长出多个子株，当其长到8~10厘米，有5~6片叶时，即可用剪刀从母株上剪下或用利刀切下，伤口涂以草木灰或硫黄粉防腐，去除基部叶片，把小株插于用泥炭和粗沙各半混合的沙床上，浇水后套上塑料袋密封保湿。在温度为20℃~25℃且光线明亮的条件下，4~6周生根，然后分别上盆栽植，经炼苗，进行正常管理，如子株已生根，则带根切下直接上盆，如母株开花后死去，则切除母株，每盆保留2~3个蘖芽继续生长。

【用　途】 观赏凤梨叶丛杯状，叶片上布满千姿百态的花纹。花序大而色彩艳丽持久，观赏价值极高，是近年较为流行的花叶俱佳的室内观赏花卉。

凤梨科约有1400余种，常见栽培的有以下7个品种。

(1) 水塔花
(*Billbergia pyramidalis*)

【别　名】 火焰凤梨。

【特　征】 多年生附生草本。茎短，叶阔披针形，边缘有细锯齿，革质较硬，丛生成莲座状。叶子基部抱卷成筒状，能贮水保湿，花茎高约30厘米，由叶丛中心筒内抽出，穗状花序紧密，苞片粉红色，花冠鲜红色，花期9~11月份。较耐寒。

(2) 美叶光萼荷
(*Aechmea fasciata*)

【别　名】 蜻蜓凤梨。

【特　征】 多年生附生草本。莲座叶丛相互套叠成筒状。叶革质，长达60厘米，绿色，有虎斑状银白色横纹，边缘有黑色小刺。花莛直立。花序穗状，有分枝，花多数，密集成阔圆、锥状球形花头。包片革质，淡红色或深红色，小花淡蓝色。冬季开花。较耐干

旱，不耐寒，越冬温度需保持在15℃以上。

(3) 果子曼凤梨
(*Guzmania lingulata*)

【别　名】 红杯凤梨。

【特　征】 多年生常绿草本。株高可达80厘米，叶片长带状，浅绿色，有黄色斑纹。穗状花序，橘红色或猩红色，总苞片呈星状开展，花白色。春季开花，常见品种有红星果子曼、美花果子曼和火炬果子曼。

本属常见栽培的还有一小型种——火轮凤梨，又称秀美果子曼。株高约30厘米，叶线形，花序艳红色。

(4) 彩叶凤梨
(*Neoregelia carolinae*)

【特　征】 常绿草本。株高25～30厘米。叶革质，带状，叶缘有细锯齿，中央有乳白至乳黄色纵纹，基部丛生成筒状。开花前内轮叶的下半部或全叶变为红色。小花蓝紫色，隐藏于叶筒中。

(5) 巢凤梨
(*Nidularium innocentii*)

【特　征】 叶片丛生成莲座状，15～20片，条形，长约30厘米，柔软光亮，绿色染有紫红色，靠近基部紫色更重。开花时叶丛中央形成深红色短杯状的叶丛。小花白色，不伸出叶丛。

(6) 铁　兰
(*Tillandsia cyanea*)

【别　名】 紫花凤梨。

【特　征】 叶基生成莲座状，无茎。叶线状，质厚，革质，浓绿

色，基部呈紫褐色条状斑纹。花序自叶丛抽出，长15~20厘米，椭圆形，苞片2列，对称互叠，呈玫瑰红色或红色；小花由苞片内开出，紫红色，花期可长达80天。

(7) 丽穗凤梨
(*Vriesea splendens*)

【特　征】 叶从基生成莲座状。叶片带形，向外拱曲，深绿色，有的具黄色或紫黑色斑纹。花序直立，两侧扁，有的具分枝。苞片红色或黄色，相互叠生成2列，小花黄色，四季开花不断。常见栽培品种有虎纹丽穗凤梨、波曼丽穗凤梨、娣帆丽穗凤梨和黄剑丽穗凤梨。

78. 虎尾兰
(*Sansenvieria trifasciata*)

【产地及习性】 原产于非洲。喜温暖、光照充足的环境，耐旱，耐阴，不耐寒。生长适温20℃~30℃，越冬温度不低于10℃。要求疏松透气、排水良好的砂壤土。

【栽培和繁殖】 分株和叶插法繁殖。分株多于春季结合换盆进行，将大丛母株从根茎处切离，每丛带2~3片叶，另行栽植。扦插多于夏、秋季进行，用利刀将叶片横切5厘米长为一截，插入栽培土中，注意遮荫、防雨，保持高温高湿，30天左右可生根发芽。

盆土可用腐叶土、园土、河沙按2∶2∶1的比例配制。置通风、光照充足处养护，既耐日晒又耐半阴。生长期间保持盆土微湿即可，不能长久干旱。浇水避免浇在叶簇内，以免低温和积水造成腐烂。该种需肥不多，生长期每1~2个月追施1次饼肥水或复合化肥，冬季移入室内向阳处养护。

【用　途】 叶片挺拔秀丽，并有横向虎斑纹饰，株丛美观，给人以奋发向上之感。适宜盆栽做室内装饰。

79. 蜘蛛抱蛋
(*Aspiclistra elatior*)

【产地及习性】 原产于我国。喜温暖、湿润、半阴的环境，生长适温15℃~20℃，适应性强，较耐寒，耐阴。在0℃左右的低温和弱光条件下，叶片仍然翠绿。

【栽培和繁殖】 常做分株繁殖，结合春季换盆将地下茎连同叶片分丛，每丛5~6片叶，分别上盆栽植。对土壤要求不严，但以疏松肥沃的砂壤土更为适宜。夏季需较高的空气湿度，需向叶面和环境洒水，但土壤不可经常过湿。怕晒，春、夏、秋季需遮光50%以上。生长期间宜每月追施1次以氮为主的肥料，冬季于室内越冬。

【用　途】 叶片挺拔，叶色青翠，自然清秀，又较耐阴，是装饰厅堂和布置会场的良好观叶花卉。

80. 文　竹
(*Asparagus setaceus*)

【产地及习性】 原产于南非。喜温暖、湿润和半阴的环境，不耐旱，不耐寒，忌霜冻。生长适温15℃~25℃，越冬最低度温度应保持在8℃以上。要求疏松肥沃、排水良好的砂壤土。

【栽培和管理】 盆土可用腐叶土、园土、河沙按2∶2∶1的比例配制。文竹适于通风的半荫蔽环境和湿润气候，夏天怕暴晒，冬天怕严寒。忌长期置于日光下和通风不良的环境，否则枝叶发黄脱落。生长期要经常浇水，保持土壤湿润，但不可久湿，否则易烂根落叶，需经常喷水保持60%以上的空气湿度。文竹不可多施肥，肥多会烧根，使叶子干枯脱落，且肥多，使植株生长加快，成为攀援性，降低观赏性。文竹以1~2年生小株观赏性最强。生长期可1~2个月追施1次稀薄饼肥水或颗粒化肥。种植3年后的文

竹可开花结果，但若盆土长期过湿、过干或缺硼，易造成落花落果。需合理浇水并叶面喷施0.1%硼酸溶液2～3次。秋后减少浇水，冬季置于前窗见阳光的温暖处，并控制浇水，保持土壤适当干燥和8℃～10℃的室温。若室温不足8℃，应套塑料袋防寒。培育2年多的植株新枝攀援状，根据造型可进行短截修剪，对留种母株需搭支架，以利于其攀附生长。文竹易生枝枯病和黄化病，需注意防治。

【繁　殖】 可播种和分株繁殖，一般以播种为主。夏季第一批花现蕾后，要控制浇水、施肥，肥水过多会造成大量落花，减少结果，开花后让其充分通风。文竹种子不宜久存，要随熟随收随种，播种前搓去果皮，取出种子，浸种1昼夜，然后以2厘米间距点播在浅盆内，覆土0.5 厘米厚，注意保湿，20～30天出苗。苗高5厘米时分栽上盆，每盆3～5株苗。大盆植株可在春季换盆时分成数株。

【用　途】 文竹枝叶纤细秀丽，苍翠飘逸，层叠如云，文雅清秀，独具风韵。小株盆栽置于案头、窗台，十分雅致。

81. 芦　荟
(*Aloe vera*)

【产地及习性】 原产于非洲南部、地中海地区、印度及我国。喜温暖的环境，喜光照，耐干旱，不耐寒，忌积水。适宜在排水良好、疏松、肥沃的砂壤土上生长。

【栽培和繁殖】 用分生侧芽和扦插法繁殖。可于4月将母株四周长出的侧芽掰开分种。也可于3～4月取基部叶晾干1天后，插于培养土内，5～6天后浇水，25天后可生根发芽。

芦荟在生长期稍耐水湿，休眠期则宜干燥。冬天需要充足的光照。室温不低于5℃即可安全越冬，夏天则要求半阴和通风良好的环境。春季浇水须充分。入秋后要控制浇水。生长期每1～

2周施1次肥。不耐阴，在荫蔽环境下易徒长，不开花。芦荟生长较快，每年春季出室时应翻盆换土1次。

【用　途】　芦荟形态色彩均给人以清新、幽雅和朴实无华的感受，是美化环境和装饰居室的理想材料，也是制作保健美容药物的珍品。

82. 巴西木
(*Dracaena fragrans*)

【产地及习性】　原产于非洲。喜高温多湿气候，对光线适应性较强，喜光，耐阴，但忌强光直晒。耐旱不耐涝。要求空气相对湿度为80%以上。生长适温为18℃～24℃，越冬温度应保持在10℃以上。为嗜钙树种。

【栽培和管理】　目前市场上出售的巴西木多为老茎扦插株，一般将茎锯为长、中、短段，分别为100，70，50厘米，长、中、短三段合栽于一盆内，高低错落，叶片丰满，排列有致。巴西木喜疏松、透气、排水良好的土壤，不喜大肥。可用腐叶土加1/3河沙或蛭石配制，也可用河沙或珍珠岩掺蛭石进行无土栽培，生长期可充分浇水，宜每月施1次稀薄饼肥水或颗粒化肥，无土栽培应每周浇1次营养液。北方温室栽培，春、夏、秋三季应遮光50%，并避免阳光直射和风吹，但过于荫蔽的环境会导致叶片褪色并失去花纹。巴西木喜湿润环境，盆土应保持一定湿度，过干过湿均会影响其正常生长。在气候干燥的北方，应经常向叶片及四周环境喷水，以提高空气湿度。巴西木常见焦边、叶尖干枯现象，多为湿度过低、干旱、浇水施肥不当或通风过量引起的生理病害。生长期应经常清洗叶面，保持叶片清洁光亮，春、夏季可喷洒1～2次波尔多液或甲基托布津800倍液，以防止叶斑病。茎干树皮下易生木蠹虫，需及时喷施菊酯类药物防治。

【繁　殖】　多扦插繁殖。将茎干锯断，上端锯口涂上石蜡或

油漆，以防止水分蒸发并避免腐烂，插在以河沙或蛭石为基质的花盆内，注意遮荫保湿，温度保持25℃左右，约1个月可生根发芽。栽培中可将老干上生出的分枝切下扦插或水插，注意换水，约1个月生根。

【用　途】 巴西木株形整齐，叶色优美，青翠潇洒，非常高雅，是新一代名贵室内植物，极富装饰效果。

83. 富贵竹

(*Dracaena sanderiana*)

【产地及习性】 原产于加那利群岛及非洲和亚洲的热带地区，现我国广泛引种栽培。性喜高温高湿环境，对光照要求不严，既喜光，也耐阴。适生于排水良好的沙质壤土中。生长适温为20℃～30℃，越冬温度为10℃以上。

【栽培和管理】 富贵竹盆栽可用腐叶土、园土和河沙等量混合做培养土，掌握好湿度和温度。生长季应经常保持盆土湿润，并经常向叶面喷水，以保持较高的环境湿度，过于干燥会使叶尖干枯；冬季盆土不宜太湿。在生长旺盛的5～9月，每月施腐熟饼肥水或颗粒状氮、磷复合肥2～3次，以保持叶片青翠亮泽。适宜在明亮的散射光下生长，但要避免烈日直射。若暴晒或干燥会使叶面粗糙、枯焦，缺乏光泽。

北方家庭多养室内水培富贵竹，选择植株健壮、直立、无病虫危害、带叶(无破残)的富贵竹枝条，水养于透明的玻璃瓶中。入瓶前要将插条基部叶片剪去，并将基部用利刀切成斜口，切口要平滑，以利于吸收水分和养分。每3～4天换1次清水。生根后不宜换水，水分蒸发减少后及时加水。常换水易造成叶黄枝萎。生根后要及时施入少量磷酸二铵等复合化肥，则枝干长得粗壮，叶片油绿。若长期不施肥，植株生长瘦弱，叶色发黄，但施肥不能过多，以免造成“烧根”或引起徒长。

【繁　殖】 富贵竹用扦插繁殖。扦插大多是结合整形修剪时进行。生长多年的富贵竹随着植株长高，茎干基部往往叶片脱落，株形变差，可于生长季将茎干截成长5～10厘米的段做插穗，将其扦插于蛭石或河沙中，一般1～2周即可生根抽芽。

【用　途】 富贵竹亭亭玉立，风姿秀雅，其茎叶颇似翠竹，冬夏长青，富有竹韵，观赏价值很高。适于作小型盆栽种植，用于布置书房、客厅、卧室等处，显得富贵典雅，玲珑别致。

84. 剑叶龙血树

(*Dracaena* sp.)

【产地及习性】 剑叶龙血树原产于非洲。我国广西、云南也有分布，具有一定的耐寒耐旱性，属阳性、喜钙树种。不耐隐蔽，要求光照充足的环境。

【栽培和管理】 土壤以肥沃、疏松和排水良好的沙质壤土为宜。盆栽以腐叶土、培养土和粗沙的混合土最好。喜高温多湿和阳光充足的环境，生长适温为18℃～30℃，冬季温度低于13℃时进入休眠，5℃以下植株受冻害。剑叶龙血树喜湿，怕涝，较耐旱。叶生长旺盛期，保持盆土湿润，空气相对湿度在70%～80%，但盆土不能积水。每周追施1次氮、磷和含钙的复合肥。冬季休眠期要控制浇水，否则容易发生叶尖枯焦现象。为了使其生长旺盛，每年春季换盆，新株每年换1次，老株2年换盆1次。平时剪除叶丛下部老化枯萎的叶片。播种或扦插繁殖。5～6月选用成熟健壮的茎干，截成5～10厘米一段，平放在沙床上，保持25℃～30℃的室温和80%的空气相对湿度，约30～40天可生根，50天可直接盆栽，也可将长出3～4片叶的茎干新芽剪下做插穗插入沙床，保持高温多湿，插后30天可生根。还可用水插和高压法繁殖，但必须在25℃以上的气温条件下进行。

夏季有时发生叶斑病和炭疽病，可用70%甲基托布津可湿性

粉剂1 000倍液喷洒。其虫害有介壳虫和蚜虫，可用40%氧化乐果乳油1 000倍液喷杀。

【用　途】　剑叶龙血树植株挺拔、清雅，叶片剑形，密集成丛，碧绿油光，生机盎然。当今被誉为“观叶植物的新星”，成为世界上十分流行的室内观叶植物。

85. 酒瓶兰
(*Nolina recurrata*)

【产地及习性】　原产于墨西哥。喜温暖和光照充足的环境。生长适温20℃～22℃，耐寒，耐旱，适应性强。

【栽培和繁殖】　播种繁殖。种子在15℃～25℃的条件下萌发，小苗长至10厘米左右时移栽。盆栽宜用疏松、肥沃、排水良好的泥炭土或腐叶土。上盆时，膨大的茎基部需全部露出土面，2年左右换盆1次。生长季节需供给充足的水分和肥料，以促使茎基膨大，每2～3周施1次腐熟饼肥水或颗粒复合肥，并保持盆土湿润。较耐干旱，浇水要间干间湿，切忌盆内积水。喜光照，但夏、秋季需遮光50%。较耐寒，越冬温度可保持在5℃左右，只要不结冰就不会冻死。冬季停止施肥，控制浇水，不干不浇。

【用　途】　酒瓶兰株形奇特，叶片细长弯垂，飘柔洒脱，盆栽观赏，非常美观。

86. 朱　蕉
(*Cordyline terminalis*)

【产地及习性】　原产于中国、印度等国的热带地区。喜温暖、湿润气候，喜光，但忌烈日。生长适温为20℃～25℃，越冬温度不能低于10℃，适宜微酸性砂壤土。

【栽培和繁殖】　扦插或播种繁殖。扦插，于6～9月份将茎干切成5～10厘米的小段，直插或横埋于沙床中，保持高温，约1个

月后生根发芽，待长有5~6片叶时移栽。热带地区栽培的老龄植株花后可采到种子，于春季播种，容易发芽。

盆土以腐叶土或泥炭土为宜。生长期间须充分浇水，保持土壤湿润，缺水易引起落叶，但盆土过湿或积水也会引起叶片黄化并脱落。生长期每月追施1次稀薄饼肥水或矾肥水。喜明亮光照，但夏季烈日需遮光50%左右。冬季宜保持10℃以上室温，早春3~4月份换盆并移至室外通风向阳处养护。

【用　途】 朱蕉主干挺拔，姿态婆娑，叶丛披散，叶色斑斓，优雅别致，极为美丽，为著名的观叶花卉。

87. 文殊兰

(*Crinum asiaticum*)

【产地及习性】 原产于亚洲热带。性喜温暖、湿润和充足的阳光，不耐水湿。喜疏松、肥沃的土壤。有一定的抗盐碱能力。

【栽培和繁殖】 分株或播种法繁殖，以播种为主。秋后果熟时采下即播，不宜久存，播后约2个月发芽。北方温室盆栽，以腐叶土或泥炭土加1/4河沙配成培养土，上盆时鳞茎的一半需露出土面，生长时期应给以充足的水分和肥料。北方夏季可露天栽培，但需遮光50%左右。冬季移入室内向光处，盆土适当干燥，越冬温度需保持10℃以上。

【用　途】 文殊兰叶丛碧绿，花莛高挺，花大味香，为良好的室内装饰花卉。

88. 大花君子兰

(*Clivia miniata*)

【产地及习性】 原产于南非。喜温暖、湿润、凉爽和半阴的环境，忌强烈阳光。生长适温为15℃~25℃，开花适温为15℃~20℃。较耐寒，不耐高温，30℃以上时休眠，越冬温度6℃以上。

不耐水湿，有一定的耐旱性。要求疏松、肥沃、排水良好的微酸性腐叶土。

【栽培和管理】 培养土宜用山地腐叶土或人工培养土5份，菜园土1份，河沙1份，畜禽粪干1份混合配制，pH值以6.7左右为好，不宜用园土栽培。选用深筒盆，下部可填上1/4的碎瓦片，以利于排水。君子兰喜半阴环境，怕阳光直晒，夏、秋季应遮光50%～70%，并放于通风凉爽处，30℃以上高温对其生长不利。生长期间应经常浇水，保持盆土湿润，但忌盆内积水。浇水不能浇入叶心，也不能淋雨，以免发生烂心病。开花时忌喷水，每隔半个月，施1次腐熟的饼肥水。约隔半个月将盆株转动180°，防止叶子向光偏斜，使之整齐美观。开花前追施磷、钾肥，并适当少浇水，注意通风降温，高温高湿易引起腐烂。10月以后，天气转凉，应逐步减少浇水量。霜降前移入室内阳光充足处，并保持适当干燥。君子兰易感细菌性软腐病和叶斑病、炭疽病，可分别喷施土霉素5 000倍液和代森锰锌800倍液防治。另外，当君子兰开花时，由于温度低等环境影响或缺少磷、钾元素，或浇水不足，都可导致生长发育不协调，还未等花莛抽出来，花蕾就形成并开放了，夹在假鳞茎中，造成“夹箭”现象。此时，可用棉球蘸50%的赤霉素溶液放在花莛基部，每天处理1次，3～7天即可使花莛抽出，并随之开花。

播种或分株繁殖。为得到种子，需进行人工辅助授粉。果实成熟后，剥出种子立即点播于花盆中，覆土1～2厘米厚，浇透水，放于阴处。20℃～25℃室温条件下，约2个月出苗。以后适当控制水分，给予充足的光照，具2 片真叶后移植。多年生老株基部往往分生数个蘖芽，当蘖芽长出3～5片叶子时，其下部一般已有3～5条根。春季结合换盆或于9～10月份，从芽的基部与母株相连处用利刀切开，伤口涂以硫黄粉或稍晾干伤口后，分别栽植于无肥的培养土中，2～3天后浇水，1个月后转入正常养护。

【用 途】 君子兰常年青秀挺拔，叶片肥厚碧绿，花繁朵大，

色泽艳丽，端庄美丽，以花、叶俱美而被称为现代名花。开花季节适逢新春，是布置会场、点缀厅堂和美化居室的理想花卉。

89. 鹤望兰
(*Strelitzia reginae*)

【产地及习性】 原产于南非。喜温暖、湿润和光照充足的环境，夏季怕强光暴晒，冬季需阳光充足，如光照不足则生长不良，不易开花。生长适温为20℃～25℃，越冬温度不可低于5℃。喜疏松、肥沃、排水良好的砂壤土。

【栽培和管理】 盆土可用腐叶土加1/3河沙配制，并加入适量磷、钾肥料或饼肥做基肥。每2年翻盆1次，选用深筒盆，盆底放1层碎瓦片，以利于排水。栽植不宜过深，以免影响新芽萌发，应把茎盘部分露出土面，栽后先放在半阴处养护。生长期需充分浇水，并每半个月施1次腐熟饼肥水，早春及花后适当减少浇水量。花茎形成至盛花期施2～3次磷酸二氢钾或过磷酸钙。夏季需遮光，除日常浇水外，还应叶面喷水以增加湿度。冬季少浇水，土壤应保持稍干燥，但需要充足的阳光，适当的温度，以保证新叶迅速增长和花芽良好发育。鹤望兰易患炭疽病，常受介壳虫为害，需注意防治。

【繁　殖】 播种和分株繁殖，经人工辅助授粉可形成种子，成熟后采下即播。播种前用温水浸种4～5天，发芽适温为25℃～30℃，15～20天发芽，半年后分栽。培养4～5年，具9～10片叶子时才能开花。分株，宜于春季花谢后或秋季结合换盆进行。选取大丛植株，从根茎的空隙处用利刀切断连结处，伤口涂以草木灰或硫黄粉，以防止腐烂，晾干1～2小时后上盆栽植。

【用　途】 鹤望兰姿容秀美，叶丛碧绿，花形奇特，花色艳丽，花期长。每逢盛花季节，朵朵鲜花，犹如群鹤翘首，是一种珍贵的盆栽观赏花卉，也是著名的切花材料。

90. 兰　花

(*Cymnbidium spp.*)

【生态习性】　中国兰多生于深山密林中，要求温暖、湿润和荫蔽的环境条件，忌炎热、干燥和水涝，怕阳光直射。最适生长温度18℃～25℃，夏季气温为25℃～28℃，冬季以5℃左右为宜。最适空气湿度为80%～90%。要求疏松肥沃、富含腐殖质、透气保水、pH 值为5～6.8的微酸性土壤。

【栽培和管理】　一般春、夏两季是兰花的生长期，冬季休眠。早春上盆或换盆，盆土宜用山地林下的腐叶土或泥炭加腐木块，也可用人工腐叶土加等量的园土。选用透气性好的泥瓦盆，盆不宜过大，但要深(筒子盆)，以容纳下根系为宜。盆底的排水孔要大且多，用前把盆在水中泡几个小时，洗干净。用一小块窗纱盖住底孔，以防止蚯蚓、鼠妇等害虫钻入。窗纱上放一块拱形瓦片，或用数块碎瓦片搭成“人”字形，铺上几块腐木块和碎石子，厚度为盆的1/3，其上加一层山泥，以盖住碎石子为度。将兰花置于盆中央，然后加土直至把1/2的根茎盖住，使根不露出土面，压紧四周的土，盆面泥土呈馒头状，上铺1层苔藓或石子，以减少水分蒸发。上盆后用浸盆法浇水，置于阴处10～15天，保持环境湿润，进行正常养护管理。

栽培兰花要选高爽通风、空气洁净、温暖湿润的地方。兰花四季管理的口诀是：“春不出，夏不日，秋不干，冬不湿。”冬季气温降至10℃时移入温室养护。兰花爱朝阳，避夕阳，喜南温，畏北凉。由于兰花叶片面积小，又是肉质根，浇水不宜过多，用雨水浇最好。兰花怕干旱，忌水涝。初春兰花开始生长，需保持基质湿润，不可浇水过多。夏、秋季气温高，兰花生长快，蒸发量也大，浇水量要逐渐增多，但要排水畅通，防止积水。秋后天气转凉，浇水应酌减，保持湿润即可。冬季气温低，兰花进入休眠状态，盆土宜干，只要保

持植株不致干死即可。5月中旬至7月中旬以及9月间每10天施1次稀薄饼肥水或矾肥水，施肥宁淡勿浓，且要充分发酵腐熟，并避免溅入叶心，以防止腐烂。施肥应在傍晚进行，第二天早晨再浇1次清水冲洗。复合肥中氮、磷、钾之比为1∶2∶3。对于附生兰也可直接栽在朽木中，生长良好，且不必施肥，管理简便。5～9月份要避免直射阳光，应置于露天荫棚下，遮光50%～70%。在高温多湿季节，应加强通风降温。兰花易染腐烂病、叶斑病和炭疽病，易受介壳虫、蚜虫、红蜘蛛为害，需注意防治。

【繁　殖】　兰花种子微小，种胚发育不完全，种皮不易吸水。因此，常规播种不易出苗，需在人工培养基上发芽再播种。家庭多用分株法繁殖，兰花一般每隔3年分株1次，植株生长健壮，假球茎密集的都可分株。春季开花的种类宜在秋末冬初分株；夏、秋季开花的种类宜在早春分株。分株前停止浇水，使盆土稍干燥，将植株从盆中磕出，去掉根部培养土，用清水洗净，晾2～3小时，待根部萎蔫时，用利刀在假球茎处切割分丛，使每丛带3～5个连在一起的假球茎，伤口涂草木灰或硫黄粉防腐，分别上盆栽植。目前多采用组织培养法繁殖。

【用　途】　兰花高雅清幽，超凡脱俗，馨香馥郁，富有诗情画意，是深受人们喜爱的姿、色、香、韵俱佳的名贵花卉，花、叶共赏，幽香更佳，具“园林三宝”之称，室内陈设，高雅别致，非常美观。

我国传统栽培的兰花是兰属的几种地生兰，即通常所称的中国兰。中国兰主要有四大类：一是春季开花类，如春兰；二是夏季开花类，如蕙兰；三是秋季开花类，如建兰；四是冬季开花类，如墨兰、寒兰。另外还有以观叶为主的叶艺兰。

91. 洋　兰

【产地及习性】　洋兰起源于赤道和南北回归线附近的热带、

亚热带地区。现园艺栽培的洋兰主要分布于中美、南美、非洲南部、澳洲东部和东南亚的一些国家、地区，以及我国南部。自然附生于热带雨林中的树杈或幽谷悬崖的岩石上，性喜温暖湿润、通风、隐蔽的环境，怕干燥和阳光直射。常见栽培的有：

(1) 大花蕙兰
(*Cymbidium spp.*)

【习　性】　同中国兰。

【栽培和管理】　栽培环境应选择通风良好的半阴地方。栽培基质可用树皮或木炭1份，椰壳纤维或蕨根1份混合而成。盆体宜窄不宜宽，宜深不宜浅，透气性要好。花盆窄小，就迫使众多的假球茎拥挤在一起，可抑制其营养生长，为花芽的形成提供了有利条件。大花蕙兰较喜光，为使大花蕙兰易于开花，除在炎热的夏、秋季遮光50%外，冬季则要给予充足的阳光。由于夏季炎热，若采取自动喷水方式，可以降低温度，并能让它接受充足阳光，从而使其多开花。大花蕙兰较喜肥，生长期每月追施1次，以腐熟的豆饼水或稀释的人粪尿为宜，也可用复合肥直接撒在盆土上。若每隔半个月，用磷酸二氢钾与尿素按0.5：1的比例混合1 000倍液喷洒叶片，有利于其生长和开花。大花蕙兰的假球茎一般都含有4个以上的潜伏芽，一到春季，根茎部位的潜伏芽就会萌发，生出1~2个叶芽。为了不使营养分散，以利于开花，必须彻底抹掉新生的小叶芽和它的生长点。最好每月进行1次抹芽，因为从春季到秋季都有新芽冒出来，新芽一冒就应抹掉，以集中营养壮大母球茎。大花蕙兰的孕花期，从夏季花芽开始分化到8月以后陆续抽生花芽，开花从11月到翌年5月，前后经5~6个月。夏季气温达35℃时，花芽会因炎热而黄化枯萎。因此，从6月份开始就要增施磷、钾肥，促使花芽分化。当花芽抽出时，应遮荫并加强通风，促使花莛生长。

大花蕙兰的主要病害为黑斑病，可用百菌清或托布津500倍液喷雾，每月喷洒1次。其虫害主要是介壳虫，可用氧化乐果800～1 000倍液喷雾，每7天喷1次，连喷3～4次。

【繁　殖】　大花蕙兰多采用组织培养法繁殖，也可分株繁殖，其方法同兰花。

【用　途】　大花蕙兰株大花多，株形洒脱美丽，叶姿秀雅，花大多姿，幽香清远，且正值春节期间开花，将它点缀居室，倍添节日气氛，装饰效果极佳。

(2) 蝴蝶兰
(*Phalaenopsis amabilis*)

【产地及习性】　蝴蝶兰产于我国台湾、菲律宾以及爪哇等一带岛屿。性喜高温多湿的气候和通风的环境，耐阴喜热，为典型的附生兰。它借助发达的气生根攀附在其他树干上。所需光照度约为全日照的40%，空气相对湿度为70%，温度为15℃～30℃。

【栽培和管理】　栽培蝴蝶兰用盆的底部要有4个透气排水孔，侧壁也需要有通气孔。栽培基质不能用土，而用水苔、碎砖粒、棕树皮、椰壳纤维等混合。栽培场所要具有散射光或有树荫的光照条件。当气温降至10℃时应移入室内，以免受冻害。夏季则宜多浇水，并间施肥水，使之生长旺盛。

蝴蝶兰的病虫害有黑斑病、锈病，主要是低温多湿引起，如发生软叶病，应去除病株并及时换盆，隔离喷药，加强通风。其虫害主要是介壳虫、红蜘蛛和蛞蝓，应及时防治。

【繁　殖】　蝴蝶兰多采用组织培养和分株法繁殖。幼苗需用苔藓栽培，移栽后2～3日内不能浇水，放于隐蔽处，以后逐渐增加浇水量，1个月后可少施一些肥水。成年植株移栽要在开花后1个月或在抽莛前2～3个月进行。生长期可施腐熟豆饼水等有机肥料或复合肥料。小苗应施氮肥，以利于枝叶生长；大苗则宜施

磷、钾肥，以利于开花，也可叶面喷施0.1%磷酸二氢钾溶液。蝴蝶兰在15℃以上的温度下方能生长，夜间如低于10℃，就会有不良反应。蝴蝶兰不怕高温，但怕烈日暴晒。

【用　途】　蝴蝶兰花形美丽，犹如彩蝶飞舞，颜色艳丽，为热带兰中的珍品，享有“兰中皇后”的美誉。盆栽或做切花，花朵多作新娘的捧花、胸花和襟花。

(3) 卡特利亚兰
(*Catteleya bowringiana*)

【产地及习性】　原产于巴西。喜温暖、湿润和空气流通的环境，喜光，但怕阳光直射。生长适温28℃～30℃，耐寒性差。在冬季生长期间，夜间最低温度需保持15℃以上，当温度低于10℃时要控制浇水，8℃时会受冻害。卡特利亚兰为气生兰，栽培基质宜用排水透气良好的碎砖头、木炭、蕨根、苔藓等，不能用普通培养土。

【栽培和管理】　移栽或换盆宜在新芽发生或花后进行。种植时，盆底先垫一层木炭及碎砖头，以利于排水透气；上面放水苔、蕨根、棕树皮等固定卡特利亚兰根系。生长期需多浇水，并保持约80%的空气相对湿度，每天在叶面喷雾1次，每半月浇1次矾肥水。夏季每天浇水1～3次，冬季每隔3～4天浇水1次，一般要少次多量，间干间湿。卡特利亚兰要求空气流通，并需要光照，中小苗需要30%～35%的光照，成株需要50%的光照。白天生长最适温度为30℃左右，夜间为15℃～20℃。

【繁　殖】　组织培养或分株法繁殖。每3年分株1次。

【用　途】　卡特利亚兰花朵雍容华贵，品质高雅，色彩娇艳，且品种繁多，享有“洋兰之王”的美誉，为当今世界室内高档观赏花卉，也是切花的高级材料。

(4) 万带兰

(*Vanda sanderiana*)

【产地及习性】 原产于东南亚热带和我国云南南部以及印度、缅甸、新加坡等国。喜高温、高湿、隐蔽的环境，忌酷热、干燥和强光。

【栽培和管理】 万带兰适应性强，管理相对粗放。栽培基质以保水、排水、透气性良好的树皮、椰壳纤维、木屑、苔藓、蕨根等混合为宜，也可悬空栽在段木上。万带兰怕冷不怕热，怕涝不怕旱。在生长季节要多浇水，以保持基质湿润和较高的空气相对湿度，浇施稀薄饼肥水，或用0.1%磷酸二氢钾溶液做根外追肥，遮光60%～70%。

【用　途】 万带兰生命力强，叶茂花繁，花形奇特，花色艳丽，是艺术插花中理想的花材。

(5) 兜兰

(*Paphiopedilum spp.*)

【产地及习性】 原产于亚洲热带和亚热带地区。常附生于腐殖质丰富的山坡或树杈上，喜温暖、湿润、凉爽、通风好的半阴环境，忌阳光直射。生长适温为18℃～25℃。冬季室温不低于10℃，若高于20℃则叶片徒长，影响花芽分化和开花。春、夏、秋三季应遮光70%，冬季遮光50%。

【栽培和管理】 盆土需用肥沃、排水、透气良好的腐殖土、苔藓、蕨根、椰壳纤维等配制。上盆时，盆底先填上1/4碎瓦片，以利于排水、透气。兜兰抗干旱能力差，生长季节除正常浇水以保持盆土湿润外，每天还需向叶面喷水并向花盆周围地面洒水2～3次。若空气干燥，叶片易变黄皱缩，直接影响开花。冬季植株处于半休眠状态，室温应保持在12℃～16℃，并适当控制浇水，以利于花芽

的分化。生长期间每月施1次腐熟的稀薄饼肥水。切忌阳光直射。

【繁　殖】　分株或播种繁殖。于4~5月份，待有6个以上叶丛，植株处于花后相对休眠时结合换盆进行分株，先将植株从盆中倒出，去土后，用两手各执一半，将兜兰苗轻轻分开分别栽植，浇透水，置于半阴处。以后需经常喷水，保持较高的空气相对湿度，以利于恢复，半个月后进行常规管理。因种子细小，播种比较困难，可在无菌培养基上育苗。

【用　途】　兜兰株雅花奇，是一种袖珍花卉，多摆放案头，显得清新雅致。

(6) 石斛兰
(*Dendrobium nobile*)

【产地及习性】　产于亚洲的热带、亚热带及大洋洲等地。性喜温暖、湿润和阴凉的环境，忌阳光直射，不耐寒。在明亮的半阴处生长良好。要求排水好、空气湿度大、清洁和通风的环境。花芽分化前，如有一个干燥、低温(约10℃)的阶段，则翌年开花多。

【栽培和管理】　栽培石斛兰有盆栽与吊挂两种方式。要用多孔盆，基质可用碎砖头、蕨根、松树皮、椰壳纤维、棕皮和木屑等配制而成。吊挂栽培，可将石斛兰绑在木板上或塑料筐内，然后用水苔、蕨根或棕皮做填充物，基质保持湿润而不滴水，悬挂空中。白天保持18℃~24℃，夜间保持13℃~15℃。注意浇水，不使其干燥，每1~2周施稀薄肥水1次。在秋季需有一个低温(10℃左右)过程，以促进花芽分化。

【繁　殖】　以分株繁殖为主。一般将1盆石斛兰植株分为2~3丛，每丛有3~4枝老枝条，分别上盆栽植。有时母株茎节上生出有根有叶的小苗，也可剪下栽植。

【用　途】　花茎亭亭玉立，花瓣鲜艳秀美，花期长，是著名的

切花材料，宴席上多作餐盘点缀。

(7) 舞女兰
(*Oncidium spacelaatum*)

【产地及习性】 舞女兰原产于中南美洲和北美洲的南部。适宜的生长温度为18℃～25℃，空气相对湿度为75%～85%，对光线的要求中等。冬季不需遮荫，春秋季遮荫30%，夏季遮荫50%～60%。舞女兰较喜干燥的环境，所以浇水不要太多。生长旺盛季节早晚各浇1次，冬季低温时，应停止浇水。闷热的夏季要求通风良好。所需基质要求通风、透气和利水。常用的基质有树皮、蕨根、水苔和木炭等。

【栽培和管理】 分株或组织培养繁殖。小苗长至4～6个假鳞茎，平均株高6～9厘米，根系密集，并有部分根长出盆外时换盆。选用直径12厘米塑料盆做盆具。换盆时，先将小苗脱盆放于装有少量木炭块垫底的塑料盆中，再加适量木炭块于植株四周，摇匀，木炭块高度应离盆面约2厘米。当小苗经过5～6个月后，长至6～8个假鳞茎，平均株高10～15厘米时换盆。选用直径为17厘米黑色塑料盆做盆具，换盆方法同小苗换盆方法。

细菌性软腐病是舞女兰的主要病害，梅雨季节高温高湿、通风不良是其发病主要原因。进入秋、冬季节空气凉爽，软腐病较少发生。当发现有病株时，应先将其挑出及时销毁，防止病源传播，再用农用硫酸链霉素3000倍液和绿乳铜800倍液等轮换喷洒。如发生炭疽病和赤斑病，可用70%甲基托布津800倍液或75%百菌清800倍液喷雾。常见虫害有介壳虫、白粉虱等。春、夏多雨季节通风不良时，常发生介壳虫为害，可用速蚧灵800～1000倍液喷杀；对白粉虱可用吡虫啉3000倍液喷杀。

【用　途】 舞女兰花繁色艳，花形犹如翩翩起舞的长褶少女，生动多姿，极具观赏价值。一般作盆栽观赏或作切花。

92. 菜豆树
(*Radermachera sinica*)

【产地及习性】　菜豆树原产于台湾、广东、海南、广西、贵州、云南等地的山谷、平地疏林中。印度、菲律宾、不丹等国也有分布。性喜高温多湿、阳光充足的环境。耐高温，畏寒冷，宜湿润，忌干燥。栽培宜用疏松肥沃、排水良好、富含有机质的壤土和沙质壤土。生长适温20℃～30℃。

【栽培和管理】　菜豆树喜高温多湿环境。可用扦插、播种、压条等方法繁殖。盆栽菜豆树，应选用疏松肥沃、排水透气良好、富含有机质的培养土。一般情况下，作为家庭盆栽的中小植株，可每年于4月初出房时进行1次翻盆，以满足其全年生长对土壤肥力的要求。为了使其不长得过于高大，在春季抽生新梢时，可适当控制浇水，维持盆土比较湿润即可。夏、秋季除要求保持盆土湿润外，还要加强植株及周围小环境的喷水，为其创造一个凉爽湿润的适宜环境。冬季低温植株进入休眠状态，不可浇水太多，以免积水烂根，可每周用稍温的清水喷洒植株1次。生长季节可每月浇施1次速效液肥，通常可用腐熟的饼肥水。家庭少量盆栽，或对长时间作公共场所陈列的大型盆株，可定期埋施少量缓释多元复合肥颗粒，也可用0.2%尿素加0.1%磷酸二氢钾混合液浇施。菜豆树为喜光植物，也稍能耐阴。盆栽植株，在室内陈列期间应将其置于光照充足的窗前或室内。如果长时间将其置于光线暗淡的室内，易造成落叶。越冬期间，最好能维持8℃以上的温度。

在高温、高湿、通风不良的环境中，其叶片易感染叶斑病。应加强通风透光，避免叶面长时间滞水。发现少量病叶，应及时将其摘除烧毁，并定期喷洒50%多菌灵可湿性粉剂600倍液，每半个月喷1次，连续喷3~4次。秋、冬季长时间置于棚室内的植株，其嫩枝及叶片上易生介壳虫，需加强通风透光，注意控制环境湿度。

如发现少量虫体，要及时用湿布抹去，也可在盆内埋施呋喃丹。

【用　途】　幸福树枝叶清秀，翠绿光亮，既喜光又耐阴，室内摆植非常雅致。高枝嫁接植株是目前非常时尚的一种高档观赏植物，寓意幸福吉祥。

93. 大叶伞

(*Schefflera actinophylla*)

【产地及习性】　原产于澳洲等地。喜温暖、湿润、通风良好、光照充足的环境。生长适温20℃～30℃。不耐寒，越冬温度应保持在15℃以上。

【栽培和管理】　应选用疏松肥沃、排水透气良好、富含有机质的沙质壤土栽培。可用园土、腐叶土、腐熟有机肥和细沙等配合而成。也可用塘泥或泥炭土栽植。4～9月为其生长季节，需每半个月浇施1次速效液肥。通常用腐熟饼肥水，也可用0.2%尿素加0.1%磷酸二氢钾混合液浇施。家庭少量盆栽，或长时间作公共场所陈列的大型盆株，可定期埋施少量缓释多元复合肥颗粒。盆土和环境要保持湿润。夏季注意遮荫，避免强光直射，否则叶片变黄焦边。光照过暗、土壤过湿或干旱，均易引起落叶。室内应摆放在光线明亮处。冬季进入休眠期时停止施肥，控制浇水，否则易腐烂而死亡。温度低于15℃时易受冻害。

在高温、高湿、通风不良的环境中，枝叶易生介壳虫，需加强通风透光，注意控制环境湿度。如发现少量虫体，要及时用湿布抹去，也可在盆内埋施呋喃丹。

多播种繁殖，种子成熟时即采即播，发芽率较高。也可扦插繁殖，结合修剪从成株大叶伞上剪取10～12厘米、带1～3片叶、底部成斜面的插穗。最好用生根粉速浸基部5秒钟。将其插于蛭石或珍珠岩中，保持温度和湿润，约1个月成活。

【用　途】　枝干挺拔俊秀，叶片青翠飘逸，在室内陈设，显得

非常雅致。

94. 佛肚树

(*Jatropha podagrica* Hook)

【产地及习性】 原产于南美及中美洲西印度群岛热带地区。喜温暖干燥及充足的阳光。

【栽培和管理】 多行播种繁殖。用大粒种播种，在25℃左右1~2月出苗，苗高10厘米时分苗，1年生苗茎干即略膨大。也可扦插繁殖，剪取大株上的分枝，等剪口稍干后扦插于盛有砂壤土的花盆中，盆土稍干，温度为25℃~28℃时，3~4周生根。家庭栽培不能放在缺少阳光的地方，否则茎干细长，不能形成佛肚般膨大的茎干。生长适温26℃~28℃，如低于10℃则易落叶。生长季节每2周左右施1次发酵的液体有机肥料。夏季在室外时需遮荫，约遮去阳光30%左右。在旺盛生长的季节不可缺水，否则易引起叶片凋萎。叶片脱落后，抗旱能力较强，可数周不用浇水。佛肚树不耐寒，越冬温度需15℃以上。

【用　途】 佛肚树株形奇特，叶形美观，一年四季开花不断，花红叶绿，非常美观。适宜在温室栽培观赏。